鸽高效科学养殖及疾病防控技术

崔尚金　贾亚雄　梁　琳◎主编

U0381016

中国农业出版社

北　京

编者名单

主　　编：崔尚金　　贾亚雄　　梁　琳

副主编：张　莉　　梁瑞英　　吕文炜

参　　编：李复煌　　孙　鸿　　汤青萍

　　　　　杨卫芳　　先　宏　　张建伟

　　　　　韩联众　　魏文康　　肖长峰

　　　　　陈　华　　曲鲁江　　计　峰

　　　　　陈益填　　秦永康　　刘国乾

　　　　　何宏轩　　王　梁　　吕学泽

策　　划：秦玉昌　　陈　余

审　　稿：卜　柱　　李复煌

序　言

　　鸽是人类驯养最早的特禽之一，世界上许多民族和不同国家的人群都喜食乳鸽。20世纪70年代后期，我国南方和东南沿海地区率先开始引进、饲养肉鸽，之后肉鸽产业在我国迅速发展。现今我国养鸽业每年以10%～15%的速度增长，已经在特禽养殖中脱颖而出，成为家禽养殖继鸡、鸭、鹅外最重要的新兴养殖产业。与其他家禽相比，由于投资成本低以及鸽子抗病力强、生殖周期短、生产寿命较长，肉鸽养殖被视为理想的致富产业，在保障粮食安全、增加农民收入和就业机会等方面发挥着重要的作用。

　　我国是世界肉鸽生产大国，也是世界鸽业第一消费大国，祖代、父母代、商品代鸽存栏近4 045.25万对，占世界总存栏的70%以上。"大而不强"是目前我国鸽产业面临的现实问题。2017年11月18日"国家鸽业科技创新联盟"（以下简称"联盟"）正式成立，联盟依托中国农业科学院北京畜牧兽医研究所，整合全国肉鸽产业的科研、高校、企业等单位及专家开展技术协同创新，为我国肉鸽产业健康发展提供科技支撑，持续提高鸽业的科技自主创新能力和效率，着力解决限制鸽业发展的瓶颈性问题，引领肉鸽产业健康发展。

和国外相比较，我国鸽产业的科技水平落后近50年；和其他家禽产业相比较，鸽业也落后了近30年。联盟的成立迅速提升了鸽业的向心力和凝聚力，很快形成全国一盘棋的局面，企业主动寻求技术的意愿增强，院（校）企合作快速增加。和其他家禽产业不同，肉鸽没有成系统的教材和标准化生产技术体系，不少肉鸽养殖场还采取口耳相传的方式交流养鸽的知识，养殖方式粗放落后。为了改变我国肉鸽养殖的现状，提振肉鸽产业，联盟整合各方技术资源，从生产实际出发，吸收了大量养殖场成熟的养殖技术，用通俗易懂的语言阐述了如何科学养殖肉鸽，并针对肉鸽场存在的主要疾病，提出了系统解决方案。随着肉鸽养殖业迅速发展以及养殖模式的变化，一些疫病有增多趋势，肉鸽生产性能和品质不稳定隐患较大，肉鸽养殖缺乏专用疫苗和药物，大都是参考肉鸡执行，用药不规范、不科学，因此，药物残留和耐药性的风险随之而来。本书以绿色防控理念为出发点，从种鸽到乳鸽全过程，按照其生理特点和感染规律，提出加强流行病学调查，制定专门化防控流程，以生物安全为基础，从种源净化到健康养殖，促进肉鸽养殖行业健康发展，保障肉鸽产品质量安全。

　　本书在编写过程中参阅了大量的文献资料，在此一并致谢。

　　本书在编写过程中得到国家鸽业科技创新联盟的大力支持，希望能为广大肉鸽从业人员提供一本"可用""能学"的好教材。

秦玉昌

2020 年 8 月

目 录

序言

第一章
中国鸽业发展概况

鸽是最早被人类驯养的特禽之一，世界上许多民族和不同国家的人群都喜食乳鸽。20 世纪 70 年代后期，我国南方和东南沿海地区率先开始引进、饲养肉鸽，之后几十年，肉鸽产业在我国迅速发展。如今，养鸽业每年以 10％～15％的速度增长，已经在特禽养殖中脱颖而出，成为我国家禽养殖继鸡、鸭、鹅以外最重要的新兴养殖产业。

与其他家禽相比，由于较低的投资成本、较高的疫病免疫力、较短的生殖周期以及相对较长的生产寿命，肉鸽养殖被视为理想的致富产业，在保障粮食安全、增加农民收入和就业机会等方面发挥着重要的作用。

一、肉鸽生产情况

目前世界各国普遍缺乏鸽业数据的统计和管理，从联合国粮食及农业组织（FAO）现有数据来看，埃及、中国香港、沙特阿拉伯、法国、叙利亚、希腊、缅甸、塞浦路斯、纳米比亚、约旦和中国内地是全球肉鸽的主产区。2017 年我国祖代、父母代、商品代肉鸽存栏共 4 045.25 万对，占世界总存栏的 70％以上（表1-1）。

根据中国畜牧业协会的数据，2017 年我国祖代种鸽存栏共 18.25 万对，比 2016 年增加了 4.90 万对。其中，江阴市威特凯鸽业有限公司祖代种鸽存栏量增幅最大，存栏欧洲肉种鸽达 7.58 万对，是全国存栏祖代种鸽最多的企业；其次是深圳市天翔达鸽业有限公司，存栏祖代种鸽 6.55 万对（图 1-1）。

表 1-1　世界主要肉鸽生产国家和地区存栏情况（万对）

国家和地区	年份								
	1961	1966	1968	1978	1986	1991	2015	2016	2017
埃及	290.00	240.00	222.00	120.70	448.8	1 073.20	637.80	578.55	572.05
中国香港	100.00	400.00	50.10	483.85	892.00	437.25	360.55	349.50	346.80
沙特阿拉伯	0.00	0.00	0.00	0.00	0.00	190.00	272.20	212.35	167.05
法国	150.00	150.00	150.00	155.10	128.40	130.15	88.20	87.10	88.50
叙利亚	80.00	101.55	81.05	82.60	75.70	77.65	70.50	70.10	68.25
希腊	45.00	53.75	61.00	67.25	68.00	62.65	49.75	49.10	49.10
缅甸	4.25	5.00	5.25	11.00	23.25	21.95	35.15	36.15	35.90
塞浦路斯	33.50	33.50	34.00	38.00	160.00	103.25	37.00	31.40	29.75
纳米比亚						0.35	6.85	7.50	7.70
约旦							7.10	7.25	7.45
中国内地							3 494.55	3 722.35	4 045.25
合计							5 059.65	5 151.35	5 417.80
中国内地占世界比例							69.1%	72.3%	74.7%

（数据来源：中国数据来自中国畜牧业协会；其他国家数据来自 FAO）

　　2013 年以来，我国父母代种鸽存栏量持续增加，存栏量从不到 300 万对增加到 2017 年的 407 万对，增幅达到 35.67%，能够满足商品种鸽的供给。2017 年我国商品代种鸽存栏达到 3 620 万对，比 2016 年增加了 280 万对，增幅达到 8.38%（图 1-2）。

　　与种鸽的增长相似，2013 年后，全国乳鸽出栏量进一步增加，2017 年达到 6.26 亿只，年产鸽肉约 25.02 万 t，比 2016 年提高 2.29%（图 1-3）。

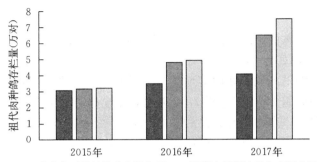

图 1-1　2015—2017 年三家鸽业公司的祖代肉种鸽存栏状况

（资料来源：中国畜牧业协会）

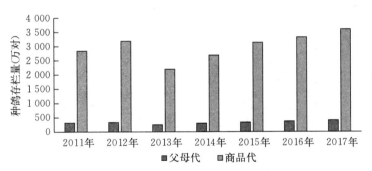

图 1-2　2011—2017 年中国父母代和商品代种鸽存栏量

（数据来源：中国禽业发展报告，2017）

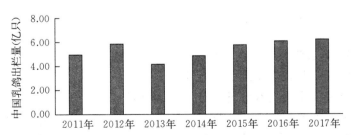

图 1-3　2011—2017 年中国乳鸽出栏量

（数据来源：中国禽业发展报告，2017）

二、肉鸽养殖主导品种

世界著名的肉用鸽品种约 40 个，我国目前养殖的肉鸽品种有 10 个以上，如米玛斯鸽、美国王鸽、石岐鸽、泰深鸽、良田鸽、昆明鸽、塔里木鸽、法国落地鸽、蒙丹鸽、卡奴鸽、贺姆鸽等。其中，米玛斯鸽 2017 年存栏 7.58 万对，是全国存栏最多的祖代肉种鸽；其次是广东中山地方品种石岐鸽，存栏 4.12 万对；深圳市天翔达鸽业有限公司饲养的祖代深王鸽、新白卡奴鸽、银王鸽的存栏量较 2016 年也有所增加（图 1 - 4）。随着深圳市天翔达鸽业有限公司肉鸽配套系（天翔 1 号）的育成，标志着我国第一个自主育成的肉鸽配套系在生产中可以应用。

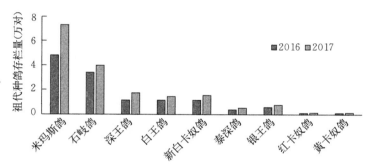

图 1 - 4　2016—2017 年主要肉鸽品种祖代种鸽存栏数量

（数据来源：中国禽业发展报告，2017）

三、肉鸽生产区域分布特点

1. 养殖范围广　我国各地均有肉鸽养殖分布。20 世纪 80 年代，深圳光明农场建设了一个存栏 10 万对的大型种鸽场，成为我国首个规模化肉鸽养殖场。经过近 40 年的发展，尤其是随着工厂化封闭饲养等新技术、新模式的推广普及，以及产业化、规模化、一体化经营的推进，目前肉鸽产业布局呈现出西进北移的趋势，养殖分布范围覆盖了东部沿海、西北内陆以及华北地区，如广西、江西、河北、北京、新疆等地区的肉鸽养殖量有所增加。

2. 规模肉鸽生产相对集中 我国肉鸽养殖主要集中在北京、上海、广东这些经济发达区域，2017年父母代种鸽存栏量达到了全国总存栏量的37%，中西部地区的山西、陕西、甘肃、四川等地存栏量均未超过10万对，肉鸽养殖呈现明显的"小集聚"特征。

四、产业经营模式

随着肉鸽业的快速发展，肉鸽生产组织形式也在不断更新优化，以便适应肉鸽的生产需要。我国肉鸽生产的组织形式主要有三种：一是家庭养殖模式；二是肉鸽养殖合作社和"龙头企业＋合作社＋农户＋基地"模式；三是集育种、饲料生产、产品销售等为一体的公司一体化经营模式。

（一）家庭养殖模式

早期的肉鸽养殖多采取这种方式，主要以家庭为生产主体，占地面积为35～40 m²。场房除利用闲旧房舍外，也可搭建部分简易鸽舍，用尼龙网遮盖后放养配对前的青年种鸽。养殖品种多为杂交品种，养殖规模为500对以下，饲料以玉米、小麦、豌豆、高粱和火麻仁等原料按一定比例混合而成，采用传统的饲养用具（即在每对种鸽笼前面挂一个料槽、一个水槽和一个保健砂杯）。

（二）肉鸽养殖合作社和"龙头企业＋合作社＋农户＋基地"模式

1. 肉鸽养殖合作社模式 养殖合作社是养殖户利益的代表，能够把分散的养殖户组织起来。具体的组织形式是组织本地的养殖大户组建合作社，并不断发展养殖户入社，对养殖户进行指导和服务，提高其技术水平和产量，并降低生产成本。肉鸽养殖合作社的社员通常拥有现代化饲养棚、饲料加工间、孵化室和现代化的养殖设备，有标准化的技术管理体系，且具有固定的销售渠道和模式，通常肉鸽存栏规模在1万对以上。

2. "龙头企业＋合作社＋农户＋基地"模式 龙头企业负责前端的种鸽引进、养殖技术的推广和防疫体系建立，农民深度参与养殖和饲料种植环节，建立风险共担、利益共享的运作机制。"龙头企业"在经营过程中采取"七统一",即统一安排养殖计划、统一供应饲料、统一养殖技术和培训、统一疫病防控、统一质量标准、统一收购、统一品牌销售。

企业与合作社进行按订单养殖,确保产品的有机绿色,确保产品收购,确保养殖户获得稳定的收益;企业给合作社一定的返利作为合作社的利润,合作社将利润返还给养殖户;养殖户在合作社的帮助和指导下,按统一要求进行养殖;养殖户的利益则通过产品交付、合作社盈余分红以及成本节约三个方面获得,超过单纯的养殖收入,而且实现了"零风险"。

(三)公司一体化经营模式

环保无疑加剧了肉鸽规模化的进程,使得散养户加速退出、规模场补栏缓慢,而具备较完整布局的一体化企业已经显现。由于能够较快地扩产,成本优势和技术投入不断加大的集约式、一体化养殖将迅速崛起,并主导未来养殖模式的发展方向。

五、营养与饲料科技需求与发展趋势

全球范围内,有关鸽的饲养标准和营养需求的研究相对匮乏,鉴于鸽业饲料开发起步阶段存在基础研究不透彻、关键技术待解决的问题,结合饲料工业新趋势、新方向,我国鸽业营养与饲料领域科技需求如下。

1. 开展肉鸽生物学习性研究 开展肉鸽嗉囊泌乳等生物学习性研究,利用分子生物学手段,挖掘泌乳等性状相关候选基因,揭示嗉囊泌乳的机制,探索肉鸽哺育生理机制,为肉鸽人工哺育和营养饲料研究奠定理论基础。

2. 加强肉鸽营养研究 关于肉鸽饲养的研究必须以营养需要与饲料营养价值为基础,通过开展消化与代谢途径关键技术研究,对不同品种、不同养殖模式、不同日龄阶段下肉鸽营养需要进行测定,对不同区域饲料原料进行营养价值评定,综合形成饲料配方,同时制定科学的饲养标准,促进精准饲养,提高生产性能,保证肉鸽品质,提升经济效益。

3. 推动关键问题联合攻关　全价颗粒料在饲料转化、人工成本等方面优于原粮，是鸽业发展的必然选择，然而，鉴于鸽子喜食谷物和自然哺育的习性，全价料在实际应用中有较多问题。首先，全价颗粒料对饲料原料质量、适口性以及营养水平设置精准化要求更为严格，如控制不当，肉鸽在营养物质消化吸收率及肉质方面反而不如饲喂原粮。其次，在目前技术水平下，规模化和集约化的生产中使用全价颗粒料，依然会有不同程度的啄羽、腹泻等问题。因此，需要对全价颗粒料的营养水平和加工工艺方面进行更深层次的研究，克服相关技术瓶颈，确保全价颗粒料在肉鸽养殖中发挥更大作用。

4. 促进新型饲料研发应用　"绿色、有机、营养、健康"将是未来畜牧业发展的重要方向，鸽业同样如此，在生态环保、功能性饲料研发方面有待进一步研究开发。通过添加植物提取物、益生菌、寡糖和酶制剂等具有改善肠道微生物的制剂，提高肠道的功能和营养代谢，增强抵抗力，逐步实现"无抗养殖"。同时，研究新型功能性饲料，通过营养调控技术，开发 $\Omega-3$、DHA 及其他功能性肉鸽副产品将是特色产业发展的重要途径。

六、疫病防控和质量安全科技需求与发展趋势

肉鸽疫病防控应树立绿色防控理念，从种鸽到乳鸽全过程，按照其生理特点和感染规律，加强流行病学调查，制定专门化防控流程，以生物安全为基础，从种源净化到健康养殖，促进肉鸽养殖行业健康发展，保障肉鸽产品质量安全。

1. 生物安全控制　肉鸽养殖较其他家禽养殖更为粗放，生物安全措施不够健全。针对不同区域特点、不同生产环节以及不同养殖模式，按照种鸽饲养，后备鸽孵化、培育及亲鸽哺育等不同阶段，制定生物安全控制规范，并适时启动生物安全隔离区建设，保障肉鸽健康养殖和产业快速发展。

2. 专用药物和疫苗研制　目前尚无肉鸽疫病防治的专用药物，许多肉鸽养殖场药物的使用都是按照肉鸡生产中所推荐的药物、疫

苗并参考肉鸡使用的剂量用于防疫及治疗，但是由于肉鸽的特殊生理功能和组织结构，如此操作存在一定问题。因此，需要加强鸽感染靶向位点和易感性、耐受性研究，开发专用药物，并严格开展动物临床试验，制定科学合理的用药规范。同时，根据疫病监测和流行情况预测，启动鸽新城疫专用疫苗研究和申报工作。

3. 疫病净化　结合肉鸽新品种（系）培育，针对新城疫、沙门氏菌病等垂直传播疾病，通过严格疫病净化，彻底净化带毒带菌群体，从根本上杜绝相关疫病的发生。进行肉鸽常见疫病防控技术的综合集成与应用，建立综合防控、净化与根除的技术体系与示范基地。

4. 绿色防控技术　针对当前鸽业抗生素残留风险，以增强机体免疫力和构建健康肠道菌群为目标，开展新型绿色生物制剂开发。初步研究表明，中草药在防治鸽新城疫、鸽痘、毛滴虫及细菌性疫病方面具有一定功效。

利用安全绿色的中草药、益生菌等新型制剂预防鸽疫病发生，生产营养丰富、肉质鲜美、无残留、无毒害的健康绿色肉鸽食品，将是我国现代鸽业发展的必然选择。

5. 重大疫病防控能力　受近年来重大疫情形势的影响，加之复杂多变的国内外形势，鸽疫病病原学特征与流行病学规律、重大疫病的致病与免疫机制、病原耐药机制等重大基础科学问题仍待持续深入研究。重大疫病和外来疫病的快速诊断、临床监测、传播阻断、预警预报、风险评估等关键技术亟待突破。同时，鸽群发性非传染性疾病的研究严重滞后，防控技术亟待加强。

七、设施设备与环境控制科技需求与发展趋势

鸽作为飞禽，其生物习性与鸡差别较大，鸽养殖设备和环境控制应有其独特的设计理念和应用价值。因此，在全套自动化养殖设备的研发和应用过程中，需结合养鸽场的特点和鸽的天性，更多地站在饲养员的角度考虑问题，实现包括饮水、喂料和清粪系统在内的综合养殖自动化解决方案。

1. 优化鸽舍结构，推动设施标准化低碳发展 针对不同养殖方式，设计与之相适应的鸽舍结构，提高容积率和利用率，优化鸽舍结构，实现通风、加温、加湿、补光等机械装备安装合理化和标准化。采用新材料、新工艺，减少原材料消耗，减轻结构质量，提高保温性能，减少增温、降温等能源消耗。

2. 应用物理调控方式，推动机械装备自动化发展 粉尘和有害气体对鸽及饲养员都存在一定的危害，粉尘是重要的气体污染源之一，羽尘是鸽养殖过程中主要空气污染因素，由于传统水雾降尘方式在冬季使用受限，因此采用传感器检测，控制系统管理，先进节能、节水和操作简便的除尘设备将是未来降尘技术设备的发展方向。

3. 加强先进技术装备配套，推动机械装备全面发展 针对种鸽孵化和肉鸽养殖全过程进行机械装备配套，实现机械装备配套全面化。围绕养殖饲料加工、饲喂、饮水、清粪、粪污处理、通风、降尘和加湿等环节进行机械装备配套，实现机械装备全自动化。据研究，与传统肉鸽养殖方式相比，全自动方式下平均每天每对种鸽节约饲料 14 g 以上。在种鸽孵化、乳鸽养殖、屠宰加工和废弃物资源化处理等环节进行机械装备配套，实现机械装备配套一体化。

4. 联合研发新型技术装备，推动机械装备高质量发展 联合设计、制造和应用三方，促进标准化养殖环境控制体系建设。结合笼具、饮水系统、饲喂系统、清粪系统和粪污转运等机械装备实际应用情况，通过新材料和新技术研发，设计开发自动化程度高和操作简便的设施设备。组合人才、技术和资本等资源，针对制约肉鸽养殖业发展的高污染、高耗能和高耗水生产环节开展攻关，推动肉鸽养殖环境健康高效发展。

第二章
我国养鸽业的发展史

第一节　鸽的起源

　　鸽在动物学上分类属于：脊椎动物门（Chordata），鸟纲（Aves），鸽形目（Columbiformes），鸠鸽科（Columbidae），鸽属（*Columba*），原鸽（岩鸽，*Columba livia*），家鸽（*Columba domestica*）。

　　达尔文在《物种起源》和《动物和植物家养下的变异》两本著作中指出，家鸽由原鸽（岩鸽）驯化而来。原鸽原为崖栖性的鸟，栖息地主要分布于印度次大陆的部分地区、古北界南部，栖息在喜马拉雅山脉地区 700 m 以下的悬崖，被人类驯化后适应城市的生活环境，形成驯化种群或再野化种群，后被引种至世界各地。在中国西北部及喜马拉雅山脉、青海南部至内蒙古东部及河北，为地方性常见鸟。原鸽在鸟类中属中等体型，通体石板灰色，颈部胸部的羽毛具有悦目的金属光泽，常随观察角度的变化而呈现由绿到蓝而紫的颜色变化，翼上及尾端各自具一条黑色横纹，尾部的黑色横纹较宽，尾上覆白色羽。一般而言，结群活动和盘旋飞行是其行为特点，研究表明栖息在喜马拉雅山脉地区的原鸽飞行迅速而且常沿直线飞行并一般离开地面不高。

　　家鸽是由原鸽经过不断地驯化、选种、育种而形成各种不同的家鸽品种。按用途可分竞翔、食用和玩赏三大类。早在 5 000 年前在中东或地中海流域就有原鸽被驯化为家鸽的历史记录，在中国驯化家鸽至少也有 4 000 年的历史，历史佐证众多。其中明代张万钟所著《鸽经》中详述了鸽的性情、生活习性，鸽羽毛、眼、嘴、脚各部特征，鸽筑巢与疾病的防治方法等；详细列出了鸽的品种、花色、飞翔特点及归巢特性，还著录了43个鸽子品种，辨析了上百个近似品种。在《本草纲目》中也有白鸽肉具有解药毒，治恶疮、疥癣、白癜风之功效的记录。可见在我国古代鸽作为食物的悠久历史。同时在我国古代也有将鸽子训练后作为传书工具的记录，这也就是"信鸽"一词的由来。

发展到现代，鸽已经成为我国仅次于鸡、鸭、鹅等家禽的又一种家禽，有人也把它列为第四大家禽。

第二节　我国养鸽业发展历程

20世纪50年代，肉鸽养殖数量少，养殖规模小，品种以中山石岐鸽为主。从20世纪80年代，我国的肉鸽养殖业开始崛起，迅速发展，成为我国家禽养殖继鸡、鸭、鹅以外最重要的新兴养殖产业，肉鸽行业的发展历程大致分为六个阶段。

第一阶段是1978年以前。只有外贸系统开办肉鸽养殖场，所生产的乳鸽供应香港、澳门地区，养殖区域集中在中山、珠海、三水、顺德、增城等地，此时肉鸽养殖多采用室内外相结合方式。当时群众也有养鸽，但仅作为副业，在天台、阳台养几对、几十对，供自己食用或送朋友，既可食用又可观赏用。此阶段，肉鸽在大陆市场尚未形成商品，仅作为珍禽供应。

第二阶段是1979年至1986年。此阶段肉鸽养殖发展速度最快，1980年深圳光明农场开办了第一个规模十万对的肉鸽养殖场，深圳沙河分场也开办了规模几千对的肉鸽养殖场，珠海外贸，中山、三水外贸及广州白云山农场、横江农场等开办了几千对肉鸽养殖场，当时肉用鸽种鸽价高，乳鸽销售价也好，发展养鸽的人越来越多。因此，中山大学生物系倡议成立广东省肉鸽业协会，参加者有60多个肉鸽养殖场，为广东的肉鸽发展起到一定推动作用。当时养鸽效益较好，许多人纷纷养鸽，此时种鸽价高，有些人则卖种鸽谋高利。后来由于不重视优良品种培育，品种退化，不少鸽场连年亏本。又由于缺乏肉鸽饮食文化推广，肉鸽供应量超过市场需求，价格不断下跌，以致于从1986年开始大多数肉鸽养殖场停产、关闭。

第三阶段是1987年至1991年。从1986年开始是肉鸽市场竞争激烈的阶段，市场销售状态由卖种鸽转为卖乳鸽为主。1986年肉鸽养殖业已发展到较大规模，供过于求，除珠江三角洲的大、中型鸽场外，其余地区中、小型鸽场不扩大生产，而且有些停产。此时广东省外贸系统的肉鸽养殖场较正常，因其有出口配额，市场价格稳定。这个阶段，我国也引进不少肉鸽良种，包括美国王鸽，并在广东江门、北京西郊农场、黑龙江等地饲养，但也由于管理和市场问题，最后都以停产而告终。

第四阶段是1992年至2002年。从1991年肉鸽养殖业开始好转，市场不断扩大，饲养数量回升，这个阶段形成以销售乳鸽为主、种鸽为辅的销售模式，也符合正常的市场规律，由于从1992年起随着我国改革步伐的加快，粤港乳鸽市场需求的扩大，品种培育技术和饲养技术的不断提高，乳鸽成本下降，市场销售价格下降，不少鸽场又继续发展，扩大饲养规模，也吸取了前几个阶段的经验教训，有目的地引进良种，注意推广乳鸽消费，生产销售较稳。养鸽业发展经历了三起三落，逐步走向成熟。进入1994—1995年，整个经济形势宏观调控，市场出现暂时的疲软，又遇饲料不断涨价，养鸽业又受到了一定的挫折，乳鸽价格下降，效益降低，尤其1995年，饲料价格不断上升，乳鸽价格又保持原来的水平，每只乳鸽的利润从5元降为2～3元（经育肥乳鸽利润较高），大部分肉鸽养殖场处于微利的状态。在这种情况下，许多养鸽场调整内部的管理，提高生产水平，提高产量和乳鸽出栏重量，等待市场的回升冲刺。部分中小型鸽场及散养户经营惨淡，养鸽成本的增加，使这些基础较差的小型场不堪重负，微薄的毛利除去人工水电费用，几乎难以招架。肉鸽养殖业呈现优胜劣汰和重组兼并的局面，残酷的市场竞争促使肉鸽养殖业向集约化、工厂化发展，促进了生产管理技术水平的提高，降低生产成本，节省消耗，提高产量，以规模见效益并进行废物、粪便的综合利用，提高鸽场的综合经济效益。据不完全统计，当时，广东省肉鸽存栏数近 650 万对，其中广州地区（含 4 市）约 150 多万对，深圳地区约 100 万对，中山、东莞、清远、珠海、惠州、江门等地分别为 20 万～50 万对。而全国的肉鸽存栏量大约相当于广东总数的 2～3 倍，以上海、北京、河北、山东、江苏、广西、湖南等地饲养较多，这些地区也有很多 1 万～6 万对存栏的大型养鸽场。至 1994 年，香港仍可称为世界上最大的乳鸽销售市场，也是粤港的主要乳鸽市场。进入 1995 年，随着广东人民生活水平的不断提高及旅游事业的发展，以及乳鸽制作方法的丰富，乳鸽逐步进入农贸市场及酒楼菜谱中，成为食客喜欢的名菜，广州、深圳等各大城市对乳鸽需求量越来越大。据 2000 年统计，广东省内销售乳鸽比例高于出口。

第五阶段是 2003 年至 2012 年。随着肉鸽行业利润高、门槛低，养鸽热席卷大江南北，市场逐渐饱和，出售难成为养鸽户最头疼的事。2003 年"非典"加速养鸽利润跌入低谷，大量生产出的乳鸽无处销售，养鸽户恐慌，大量低价抛售，市场进一步恶化，肉鸽养殖业再一次进入重新洗牌期。2004 年肉鸽养殖业开始回升，由于肉鸽消费市场不成熟，基于大量养殖户前期血本无归的教训，虽然 2007 年鸽业行情一直很好，很多想养鸽人员却不敢轻易入行，让肉鸽养殖业有了一个长足的发展时间，期间山东临沂国营种鸽场（10 万对规模）在这次洗牌中倒闭，但许多幸存下的养殖场如今已经发展成全国著名企业。

第六阶段是 2013 年至今。肉鸽养殖业经过了近几年的发展，国家和地方鸽业协会和行业组织大量成立，如中国肉鸽行业协会、安徽省肉鸽业协会、江苏省肉鸽协会等，这些行业组织和协会为肉鸽业健康发展起到关键作用。2013 年肉鸽存栏量达到历史最高水平，全国肉鸽存栏 3 500 万对以上，年产乳鸽 7 亿只，接近市场饱和。2013 年受禽流感影响，肉鸽行业迅速跌入低谷，在鸽业协会和国家畜牧行政主管部门的帮助下，很多大型肉鸽企业拿到禽流感补贴渡过难关，大型肉鸽企业没有倒闭，存活的小企业进入一个黄金发展期。此时发展的一批新兴企业有湖南全民鸽业、湖北贝迪鸽业、山东贝多鸽业等。据调查，仅广州市每天由鸽贩、鸽场屠宰供给餐饮业的鸽约 2.8 万只，平均每天不少于 2 万只，节假日及年底日销售 3.5 万只，每月需求量为 80 万～100 万只，全年的销量为 1 000 多万只。近两年广州市每天销售量已达 6 万～10 万只。随着广州市逐步迈向国际大都市，预计三五年后，广州市乳鸽需求量可与香港持平，甚至超过香港，广州许多酒楼都以乳鸽名菜招揽食客，近两年已有乳鸽专业化特色餐饮饭店出现。深圳一些酒家、餐厅等都以制作有特色的乳鸽而出名，深圳及香港食客都纷纷慕名前往，一饱口福，深圳的乳鸽销量大为提高，年销售总量也不少于 150 万只。此外，东莞、中山、珠海、江门、佛山等珠江三角洲也有很大的消费能力，每个地区年销乳鸽量都在 1 000 万只左右。由此可见，广东及香港的乳鸽市场都显示出很大的消费潜力，虽不似前两年提出"以鸽代鸡"的夸张讲法，但其受欢迎程度将逐步像吃土鸡那样。

第三章
肉鸽场的建设

第一节　场址的选择

　　鸽场的规划包含场址的选择和鸽场的规划。场址选择是基础，在场址决定前应根据自身情况（资金状况、融资情况、市场销售、技术力量等）拟定生产规模，然后对所选场地做好自然条件和社会经济条件的调研。自然条件包括地势地形、水源水质、地质土壤、气候因素等方面，社会经济条件包括供水、供电、交通、通讯、建筑条件、经济条件、社会风俗等，并要注意将来发展的可能性。

一、地势地形

　　鸽场应选择高燥、地势平坦、排水良好和向阳背风的地方，不能选择低洼潮湿的场地。建筑用地要平坦，远离沼泽地区，背风向阳，以保证场区小气候状况能够相对稳定，减少冬春季冷空气的侵袭，特别是避开西北方向的山口和长形谷地。鸽场地势要稍有坡度，以便排水，防止积水和泥泞。鸽场的土壤应该透气性强，吸湿性和导热性小，质地均匀，抗压性强，以沙质土壤最适合，以便雨水迅速下渗。

二、水源

　　良好、充足的水源是养好鸽子的保证，因此水源应符合下列要求：
　　（1）水量要充足，能满足鸽场的生产和生活用水。

（2）水质要求良好，不经处理即能符合饮用标准的水最为理想。

（3）水源要便于保护，以保证水源经常处于清洁状态，不受周围环境的污染。

（4）取用方便，设备投资少，处理技术简便易行。

三、鸽场外部条件

鸽场的选址必须遵循社会公共卫生标准，使鸽场不至成为周围社会的污染源，所以需要按照国家和当地的环保要求进行环保处理，办理环保有关的资质；同时也要注意不受周围环境的污染。因此，鸽场的位置应选在居民点的下风处，地势低于居民点，但要避开居民点的污水排出口，更不要选在化工厂、屠宰场、制革厂等容易造成环境污染企业的下风处或附近。鸽场与居民点之间的距离应保持在 500 m 以上，与其他禽场的距离应在 1 000 m 以上。

鸽场要求交通便利，便于饲料和鸽子的运输，但为了防疫卫生及减少噪声，鸽场应离主要公路的距离在 500 m 以上。

选择场址时还应重视供电条件，必须具备可靠的电力供应，最好应靠近输电线路，以尽量缩短线路铺设距离，同时要求电力安装方便及电力能保障 24 h 供应。因此，规模鸽场一般应自备发电机保证电力供应，特别是有孵化设施的规模场。

第二节　鸽场的规划

一、鸽场的功能分区

鸽场通常分三个功能区：生产区、办公区和生活区。生产区包括鸽舍、饲料储存仓库和饲料加工厂、技术室、隔离舍、出鸽舍、孵化房等；办公区包括与经营管理有关的建筑设施，如办公室、会议室等；生活区为职工生活福利区域，主要是宿舍和饭堂等。

鸽场的分区规划应遵循下列几项基本原则：

（1）应体现建场方针、任务，在满足生产要求的前提下，做到节约用地，少占或不占耕地。

（2）具有一定规模的鸽场应注意产鸽舍与青年鸽舍的配比，按20％的种鸽更换率算，每万对生产种鸽需建造 1 000 m² 的青年鸽舍。

（3）在建设一定规模的鸽场时应考虑鸽粪的处理和利用。

（4）因地制宜，合理利用地形地物，以创造最有利的鸽场环境，减少投资，提高劳动生产率。

（5）在进行鸽场规划时应从人、鸽健康的角度出发，以建立最佳生产环境和卫生防疫条件，合理安排各区位置。原则上要求生产区靠内，办公区靠路（外），生活区应占全场上风和地势较高的地段。生产区和办公生活区分开，且有一定的间距。

（6）坚持净道与污道分离的原则。

二、鸽舍建造

鸽舍的类型根据当地气候条件一般分为开放式、半开放式及封闭式。根据我国地域划分，南方地区以开放式为主，中部地区以半开放式为主，北方地区以封闭式为主。根据鸽群饲养需要，分为产鸽舍、青年后备鸽舍等。

第四章
品种与生物学特性

第一节 国内外优良品种

根据《中国畜禽遗传资源志·家禽志》记载，目前我国现有的地方鸽品种仅有石岐鸽和塔里木鸽。但经过长期的杂交和选育，形成了一些有着鲜明品种特性的肉鸽品种，具有优异的生产性能。国外在肉鸽的选育方面发展了近150年的历史，形成多个专业化的品系，品种特性稳定且生产性能优异，对我国肉鸽品种的改良具有很好的借鉴作用。

一、石岐鸽

石岐鸽（彩图1）是我国大型的肉鸽品种，因在我国广东省石岐镇（即现在的中山市区所在地）育成而得名。据资料记载，早在1915年住在美国的中国广东华侨回国探亲时带回了王鸽、仑替鸽和大贺姆鸽等肉鸽品种，石岐鸽就是人们利用这些鸽种与本地鸽杂交培育而成的新品种，并在香港、澳门等地经养鸽界人士及鸽场的不断改良，形成的著名的中国石岐鸽。

石岐鸽的体型特征是体型较长，翼及尾部也较长，形状如芭蕉的蕉蕾，平头光胫，鼻长嘴尖，眼睛较细，胸圆，适应性强，耐粗饲，就巢、孵化、受精、育雏等生产性能良好，年可生产乳鸽7～8对，但其蛋壳较薄，孵化时易被踩破。雄鸽成年体重750～800 g，雌鸽成年体重650～750 g，乳鸽体重可达600 g左右。现在的石岐鸽毛色较多，有灰二线、白色、红色、雨点、浅黄及其他杂色。但是由于石岐鸽保种工作做得不好，加上近年来养鸽业的发展，外来鸽种较多，原有石岐鸽很多与王鸽、杂交王鸽等杂交，本地石岐鸽出现了退化的现象，较为正宗的石岐鸽在产地中山也较少见。

石岐乳鸽具有皮色好、骨软、肉嫩、味美，并且有丁香花的味道等特点。

二、塔里木鸽

塔里木鸽（彩图2），又称为新和鸽、叶尔羌鸽，是由叶尔羌河流域野鸽经过长期驯化选育而成的具有高繁殖力、高抗病力的地方品种，具有较高的营养和药用价值。鸽肉蛋白质含量高达19.7%，脂肪含量低，易消化，是各族人民都喜欢吃的一种食物。主要分布在喀什、和田、阿克苏等地区。

塔里木鸽，羽色以浅二线雨点色为主，有少量的黑色、绛红色个体，具有金属光泽，暗淡分明：颈部两侧及下颌部位羽毛为绿色，带金属光泽；前胸羽毛闪烁红光；肩背羽毛为浅灰色；尾羽深灰色；主翼羽为浅灰色，羽尖为黑色。颈短而粗，胸部前挺而突出；背部平直。喙、爪为黑色，胫部为枣红色，肤色灰白。其体型独特、性状良好，具有抗严寒、耐干热、耐粗饲、觅食力强、抗逆性好等品种优势，受精率、成活率均较高。

成年鸽体重为360～410 g。塔里木鸽繁殖力高，开产日龄一般在90～120 d，平均开产日龄为150 d，就巢性达100%，种蛋受精率达95%，受精蛋孵化率98%，每年产蛋7～8窝，每窝2枚，蛋重15～18 g。

三、王鸽

王鸽1890年育成于美国加利福尼亚州，宽胸阔背，平头光脚，头尾高翘，呈元宝形，体态美观。美国王鸽是目前世界上大型肉用种鸽，已遍布世界许多国家和地区。常见的有白王鸽（彩图3）、银王鸽。

白王鸽是美国在1890年用仑替鸽、白马耳他鸽、白蒙腾鸽与贺姆鸽杂交，经过近 50 年的选育而成。白王鸽按其用途分为两种类型：一种是展览型白王鸽，另一种是商品型白王鸽。展览型白王鸽体型较大，全身羽毛纯白，头部较圆，前额突出，嘴细鼻瘤小，胸宽而圆，背大且粗，尾短且翘，不善飞翔，步态健稳，婀娜多姿。每对售价可达 300 美元左右，但其繁殖性能较差，平均每对种鸽年产乳鸽 5～6 对。商品型肉用王鸽体型较小，全身羽毛为白色，身体较长，尾较平，其繁殖性能较好，每对种鸽平均每年可产乳鸽 6～7 对，售价每对 100 美元左右。乳鸽的屠宰率较高，每只全净膛重可达 400～450 g，乳鸽胴体为白色。

四、卡奴鸽

卡奴鸽又名加奴鸽、赤鸽，它是产于比利时之南和法国之北的中级食用鸽，19 世纪才传入美洲、亚洲各国，年产可高达 7 对乳鸽，每只重可达 500 g 以上。

饲养卡奴鸽成本低、产量高，容易获利。有经验的食家也多喜欢吃卡奴幼鸽，原因是其肉厚脂肪少，结缔组织丰富。百粤名菜中的淮杞炖乳鸽，以卡奴鸽为上品，汤及肉均极佳美。卡奴鸽的身型似筋斗鸽及王鸽，结实雄伟，喜欢在地面寻食或玩耍，粗颈短翼，阔胸矮脚，嘴尖头圆，尾巴斜向地面。

卡奴鸽的眼睛很小，没有眼睑，虹膜为黄色，羽毛光鲜艳丽，羽装紧密，就巢性特别强，育雏性能非常理想，受精孵化率高，做保姆鸽也可一窝哺 3 只，是公认的模范鸽及餐桌上的宠儿，法国鸽界兼作展览及观赏鸽，其最名贵的羽毛为红色（彩图 4）和黄色。美国鸽会认为卡奴鸽的标准羽色有 3 种，即纯红、纯白、黄色，三色混合者亦可。黑色和褐色的均不合规格，因为屠体皮肤呈黑色，不利于厨师制作外观惹人喜欢的乳鸽食品。

五、欧洲肉鸽

欧洲肉鸽（彩图 5）也称法国肉鸽，是由不同的专门化品系杂交育成的四系配套系，于 2000 年由法国克里莫公司引进。江苏省近年已从法国克里莫公司引进了曾祖代、祖代与父母代的欧洲肉鸽，从而打破了过去美国白王鸽和杂交王鸽一统天下的局面，创建了新的鸽业繁育体系。欧洲肉鸽体躯粗壮、深广、浑圆而充实，全身肌肉厚实，两肩之间开阔而平展，全身羽毛洁白而紧贴，两肩之间开阔而平展，向后缓缓收窄而呈明显楔形。胸部丰满是欧洲肉鸽最大的特点，胸肌呈 M 形。

欧洲肉鸽胸部丰满，早期生长速度快，是良好的肉用鸽种，还有抱孵力强的优点；缺点是由于体型较大，产蛋略差，受精率略低，只有 89% 左右。欧洲肉鸽是肉鸽配套系培育中优良的父本之选。著名的欧洲肉鸽包括米尔蒂斯鸽、米玛斯鸽、蒂丹鸽。

2011 年 9 月，在江苏省畜牧兽医总站的组织下，省种畜禽场验收考核专家组对江苏省江阴市威特凯鸽业有限公司种鸽场进行了实地考核验收。专家组通过现场查阅欧洲肉鸽引种证明、系谱资料、消毒免疫保健、生长测定、繁殖生长性能记录，对威特凯鸽业公司在欧洲肉鸽种鸽育种选育、品种推广工作方面给予肯定和认可。最后专家组形成一致意见并顺利通过考核验收，确定江阴市威特凯鸽业有限公司种鸽场为欧洲肉鸽省级原种场。目前，自法国引进的欧洲肉鸽，在我国适应性良好，生产性能良好，销路较好，价位也较高，获得广大用户的青睐。

六、大贺姆鸽

大贺姆鸽略区别于纯种贺姆鸽，又称为大坎麻鸽，是驰名世界的肉用型鸽种。据资料介绍，大贺姆鸽是美国人在 1920 年通过选用肉用贺姆鸽、卡奴鸽、王鸽和蒙丹鸽杂交育成的。大贺姆鸽特点是：平头，粗嘴，小鼻瘤，腰圆胸壮，腿短，尾巴略上翘，羽毛坚挺紧密，脚部无毛。其羽毛较杂，有白色、灰色、黑色、棕色以及雨点等多种颜色；成年雄鸽体重可达 700～750 g，雌鸽体重 650～700 g，4 月龄乳鸽体重可达 600 g 左右。其繁殖力强，育雏性能也不错，年产乳鸽 8～10 对，成活 5～6 对。大贺姆鸽生长速度快但是食量也大，其能够高飞，不能远翔，抗病能力与适应环境的能力均比较强，也容易管理。

其乳鸽肥美多肉，肉嫩并带有玫瑰花香味。在 1890 年之前美国还没有育成王鸽时，大贺姆鸽是美国市场的抢手好货，后来由于王鸽的优点比大贺姆鸽明显，于是就逐渐取代了它的市场优势。

七、蒙丹鸽

蒙丹鸽（Mondain Pigeon）也称蒙腾鸽、蒙台鸽、蒙珍鸽。此鸽体型较大，不善于飞翔，喜欢在地面行走，身型与仑替鸽不相上下，所以也叫地鸽。原产于法国和意大利，以后分出瑞士地鸽品系。成年鸽体重可达 1 000 g 左右，年产乳鸽 6～8 对，育雏性能很好。肉质细嫩，性情温和，产蛋及孵育性能良好，羽色杂，适合室内饲养。目前有四个类型，即毛冠型、平头型、毛脚型和光脚型。按产地分，有以意大利、印度、美国、瑞士、法国和非洲等地名命名的蒙丹鸽。此鸽是优良的肉用鸽，年可繁殖乳鸽 7～8 对，育雏性能很好。

法国蒙丹鸽，又名法国地鸽、巨型蒙丹鸽。目前有四个品系，即冠型、平头型、爪胫有毛型和爪胫无毛型。本品种于 1929 年之前在法国育成，成年雄鸽体重 737～851 g，成年雌鸽 680～794 g。年产仔鸽 6～8 对，4 周龄仔鸽体重可达 750 g 左右。主要特征是体长不如瑞士蒙丹鸽长，而有些像王鸽短而浑圆，但尾羽不明显上翘，呈方形，胸深宽，龙骨较短。产蛋、孵化和育雏性能良好。

美国蒙丹鸽，于 1940 年育成，又称美国巨头冠鸽。此鸽的特点为平头，后颈有一束毛翘起，体型较大，体重比仑替鸽稍小，与卡奴鸽有些相似，成年鸽体重 800～900 g，乳鸽体重 700 g 左右，是一个极好的肉鸽品种。其主要特点是体躯短而浑圆，背宽而直，站立时似卡奴鸽从颈到尾成一条直线。头圆鼓，羽毛紧密，平头后颈有一束毛，翘起似冠，有多种毛色。有较好的商品鸽性能。

瑞士蒙丹鸽，比展览型白王鸽体型及体重稍大，身体较长，白色羽毛。成年鸽体重：雄鸽794～907 g，雌鸽737～851 g；也有报道称雄鸽1 000～1 200 g，雌鸽900～1 000 g。年产仔鸽7～8对。主要特征是白羽，头型大小适中，较圆，前额突出，光腿。雏鸽3周龄时重达450～500 g。是一个令人满意的生产商品仔鸽用种鸽，常用作品种改良亲本。

意大利蒙丹鸽，此鸽有两种形态，一种是平头，脚上有毛；另一种是平头，后颈有束毛翘起，但腿部无毛。这种鸽的羽毛有白色、黑色、灰色、红色和黄色等。

印度蒙丹鸽，是利用印度古拉鸽与法国蒙丹鸽和卡奴鸽等杂交育成的，这种鸽比美国王鸽身体稍长，而较瑞士蒙丹鸽身体稍短，其羽毛颜色有黑白花色、褐色、红色、黄色等。成年鸽的体重标准为：雄鸽784～840 g，雌鸽700～784 g。

八、马耳他鸽

马耳他鸽（Maltese Pigeon）又名马帝斯鸽。原产地可能是印度，由埃及经马耳他移入意大利。马耳他鸽外形似元宝，神似小母鸡，颈和腿特别长，体高在38 cm左右，躯体短而充实，胸部非常发达，腿肌肉发达，两脚有力地支撑地面。动作高雅，性情温和，不善飞翔，繁殖力强，属于优秀的观赏鸽种。羽毛短、硬、密而紧贴身体，羽色有白、黑、红、灰等。养鸽界常利用马耳他鸽的优良体型与其他种鸽进行杂交育种，现时闻名世界的王鸽也是利用它同其他鸽种杂交育成的。

马耳他鸽的外貌品评在国外展览会上规定了很高的要求和标准：头长而呈圆穹状，从喙甲基部到头顶后面成一条美丽的曲线；颊骨扁平，侧面观似鹅脸；从喙尖到头盖骨后缘，长9 cm左右；从眼环上缘到头盖骨，宽2.5 cm左右。颈细长而竖立，到近肩处为止，粗细均一；从肩到头顶，长15 cm左右。

马耳他鸽品种腿太长，在屠宰时外观欠佳，不宜直接用于生产乳鸽，但其优异的抗逆性以及结实丰满的躯体可以用来对其他鸽杂交改良，以提高商品肉用仔鸽的品质。

九、鸾鸽

鸾鸽（Runt Pigeon）又称仑特鸽、罗马鸽、西班牙鸽和来杭鸽等，原产于意大利和西班牙，是目前所有肉鸽品种中最古老的品种之一，也是体型最大的一种。最早英国人将鸾鸽引入美国，经不断改良后成为美国大型鸾鸽。鸾鸽性情温顺，善于笼养，便于管理，飞翔能力差，母性好。一般重量可达 1 200 g，最重的可达 1 500 g，不但体型大而且繁殖能力强，年产量为 8～10 对。但由于体型大，孵化时易压破蛋，受精率和孵化率较低，作为商品乳鸽生产效益不显著，但可作为亲本培育其他新品种。

鸾鸽是所有鸽子中最大的品种。在美国展览会上展出的样品鸽重达 1 800 g，翼展达 90 cm，作为商品肉鸽来饲养还不能达到其他著名品种的生产水平，但它用于与其他鸽种杂交可以加大后者体型，如巨型荷麦鸽、蒙丹鸽均含有鸾鸽血统。另外，用该鸽作为父本，其他肉鸽作为母本，杂种一代的乳鸽肉多味美，具有市场竞争力。

美国大型鸾鸽协会规定该鸽的标准体型：成年鸽体重：雄鸽 1 400 g，雌鸽 1 250g；青年鸽体重：雄鸽 1 200g，雌鸽 1 150g。体长从喙到尾端长 53.34～55.88cm，胸围 38.1～40.64cm。年产仔鸽 7～8 对，高产达 10 对。28 日龄的雏鸽体重可达 750～900g。主要特点是体型大，胸部稍突，肌肉丰满，体型短而呈方形；头顶广平，喙硕长而弯曲；眼大，青年鸽眼环粉红色，成年鸽眼环红色或肉红色；颈长而粗壮；龙骨硕长；背长而开阔；尾宽长而末端钝圆，大腿丰满，无腿毛或有腿毛，胫红色。羽色有白、斑白、黑、绛、灰等。不善飞翔，繁殖力强，性情温顺，抗病力强，适宜笼养，较易管理。在西班牙有罗马鸾鸽、梵明鸾鸽、基白高鸾鸽和瓦连城大坦尼鸾鸽（成年鸽体重达 1 599g）。

十、佛罗伦萨鸽

佛罗伦萨鸽原产于意大利的佛罗伦萨，是较老的肉用鸽品种，至今由2 000多年的历史，是匈牙利鸽的祖先。该鸽羽色搭配好，体重几乎与王鸽和卡奴鸽一样大，生产出的商品仔鸽品质也好。佛罗伦萨鸽含有拉合尔鸽、摩登梯纳鸽（Gazzi Mondena）和鸾鸽的血统。羽装像大型的摩登梯纳鸽一样，头部、翅膀（10根主翼羽除外）和尾部的羽毛是有色的，其余的部位均为白色。头圆尾翘，脚无毛，羽毛硬实而紧密，身体结实，腿高。羽色种类繁多，有黑、红、黄、棕二线等。育雏性能好，年产仔鸽10对，乳鸽肉质优良。

十一、匈牙利鸽

匈牙利鸽又名亨格利鸽。它原产于印度，或有说法称其产于奥地利北部，而非起源于匈牙利。

匈牙利鸽羽色独特，黑白相间格外引人注目。它站立姿势挺拔，挺胸，头圆而向后，腿长，头尾翘起，呈弧形。脚和腿环呈深红色。颈下、胸、面颊、肩羽、副翼羽为有色羽，躯体、主翼羽、颈背、头顶、腿部为白羽。腿无毛。羽毛坚挺、紧密。抗逆力强，繁殖力高，善于育雏。成年鸽体重：雄鸽740～795 g，雌鸽700 g；青年鸽体重：雄鸽700 g，雌鸽650 g。生产性能较好，年产乳鸽10～12对。

匈牙利鸽羽色主要有黑、赭、褐、银和青灰色等，在美国主要饲养黑白羽鸽。生产肉用仔鸽最适宜的有色羽色是黑色、绛色和深青灰色。

十二、斯拉萨鸽

斯拉萨鸽（Strasser Pigeon）原产于奥地利，是当地最常见的肉鸽。据说这个品种是佛罗伦萨鸽与奥地利土鸽杂交驯化而成，兼有佛罗伦萨鸽的体重和土种鸽的多产性状，但体重相对较小。此品种乳鸽具有白色皮肤，羽毛紧凑，脚胫无毛，而且相当多产。因此对刚开始入行的养殖者来说此鸽作为首选再合适不过。

十三、拉合尔鸽

拉合尔鸽（Lahore Pigeon）原产于巴基斯坦拉合尔市，故以地名命名。其特征是头圆、眼大、脚短而有脚毛，体型中等大小，胸部和躯体相当宽阔。成年鸽体重为 480～510g，比王鸽、卡奴鸽稍小一些。母性强，故曾被用于肉用仔鸽。头部有冠毛或无冠毛。

第二节　种鸽的选择

一、雌雄鉴别

鸽的雌雄可从多方面考察鉴别，越成熟越易辨别，经产鸽最易从外部特征辨认（表4-1）。

童鸽的雌雄鉴别法：雄鸽头部粗大，顶部呈圆拱形，嘴较大而稍短，鼻瘤大而突出，颈骨粗而硬，脚骨粗大；雌鸽体型结构紧凑，头部圆小，上部扁平，鼻瘤较小，嘴长而窄，颈细而软，脚骨短而细。

表4-1　雌雄鸽鉴别对照表

项　目	雄　鸽	雌　鸽
胚胎血管	粗而疏，左右对称呈蜘蛛网状	细而密，左右不对称
同窝乳鸽	生长快，身体粗壮，争先受喂，两眼相距宽	生长较慢，身体纤细，受喂被动，两眼相距窄
体型特征	体格大而长，颈粗短，头顶隆起呈四方	体格小而短圆，颈细小，头顶平
眼部	眼睑及瞬膜开闭速度快而有神	开闭速度迟缓，眼神较差
鼻瘤	大而宽，中央很少有白色内线	小而窄，中央多数有白色内线

（续）

项　目	雄　鸽	雌　鸽
颈和嗉囊	较粗而光亮，金属光泽强	较细而黯淡，金属光泽弱
发情求偶表现	追逐雌鸽，鼓颈扬羽，围雌鸽打转，尾羽展，发出"咕咕"呼唤，主动求偶交配	安静少动，交配时发出"咕噜噜"的回声，交配被动
骨盆，耻骨间距	耻骨盆窄，两耻骨间距约一手指宽	骨盆宽，两耻骨间距约为两指
肛门形态	从侧面看，下喙短，并受上喙覆盖，从后面稍微向上	从侧面看，上喙短，并受下喙覆盖，从后面两端稍微下降
触压肛门	右手食指触压肛门，尾羽向下压	尾羽向上竖起或平展

二、年龄鉴定

年龄的确认也较粗略，年龄越大，皮肤及衍生物都越粗糙、光泽度越低（表4-2）。

肉鸽两翼各有10条主翼羽和12条副主翼羽，在2月龄时，开始更换第1根，以后13～16 d顺序更换1根，换至最后1根时，鸽约6月龄，已是成熟的时候，可开始配对生产。副主翼羽每年定期按由外向里的顺序更换1根，每更换1根，鸽龄为1岁，由此可推算出10岁以内的鸽龄。更换后的羽毛颜色稍深且干净整齐，副主翼羽的更换主要用来识别成鸽的年龄。

表4-2　鸽的年龄鉴定

项　目	成年鸽	幼龄鸽
喙	喙末端钝，硬而圆滑	喙末端软而尖
嘴角结痂	结痂大，有茧子	结痂小，无茧子
鼻瘤	鼻瘤大，粗糙无光	鼻瘤小，柔软光泽
眼圈裸皮皱纹	眼圈裸皮皱纹较多	眼圈裸皮皱纹较少

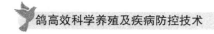

（续）

项　目	成年鸽	幼龄鸽
脚及指甲	脚粗壮，颜色黯淡，趾甲硬钝	脚纤细，颜色鲜艳，趾甲软而尖
鳞片	脚胫上的鳞片硬而粗糙，鳞纹界限明显	鳞片软而平滑，鳞纹界限不明显
脚垫	厚，坚硬，粗糙，侧偏	软而滑，不侧偏

第三节　肉鸽的繁殖

一、繁殖周期

在自然生产条件下，鸽的一个繁殖周期大约 45 d，整个生产周期可分为配合期、孵化期、育雏期、休产期。

人工饲养干预情况下，营养充足，品种良好，生产过程中各期部分时间与行为重叠，易得到高产态势，如产蛋期重叠于育雏期中，孵化期重叠于育雏期，无休产期。

（一）配合期

配合期即恋爱配对期，鸽是"一夫一妻"制的鸟类，因此配合期在鸽的一生中一般只有一次。

童鸽饲养 50 日龄便开始换第一根主翼羽。以后每隔 15～20 d 换一根，换羽顺序由内向外，一般换到 6～8 根新羽，便达性成熟，这时 5～6 月龄，有求偶行为，双方性成熟且认可便成对。

（二）孵化期

是指公母鸽配对成功后，两者交配并产下受精蛋，然后轮流孵化的过程。孵化期 18 d。孵化工作由公母鸽轮换进行，公鸽负责 9:00～16:00 的孵化工作，其余时间则由母鸽孵化。孵化种鸽离巢，另一只会接替。两只都在场，该值班的鸽不孵蛋，大多情况下会被另一只种鸽攻击，只有采食时例外。在孵化期，环境条件至关重要。环境卫生差，种蛋污染严重；气温过低；窝垫不足或无；气温过高，湿度小而种蛋脱水；窝的底形不适，或孵蛋过多（不能超过 4 枚），造成部分种蛋或部分时间没保温孵化；雨水淋湿种蛋而受凉等因素都会造成孵化期死胚过多。

（三）育雏期

指自乳鸽出壳到能独立生活的阶段。种蛋孵化 18 d 就开始啄壳出雏，雏鸽出壳后，亲鸽随之产生鸽乳，6 d 左右开始，鸽乳减少，亲鸽哺喂乳鸽饲料和鸽乳的混合物。因此 7～10 日龄可以开始人工喂养，15 日龄的乳鸽已开始主动寻食，跟着亲鸽采食少量饲料。

20 日龄前的乳鸽需要较好保温，通常种鸽会保温而没引起重视，但在温度较低，约 10 ℃以下，加上孵窝结构不良，极易导致大量死亡，或冻死或闷死。20 ℃左右，得不到保温的小乳鸽出壳不久后也会冷死。

（四）休产期

在种鸽繁殖周期中，种鸽既不产蛋、孵蛋，也不哺乳乳鸽，即为休产期，在种鸽生产周期中常见。各对种鸽一个周期中的休产期长短或有无，主要和饲料营养水平、饲养管理水平、品种与年龄紧密相关。通常初产鸽、老年鸽、营养水平差、饲养管理差，都是休产的原因。

二、提高鸽繁殖率的措施

提高鸽繁殖率的措施主要包括：选择优良种鸽；及时更换种鸽；加强饲养管理及营养供给；及时并窝孵化；增加孵窝，及时落盘乳鸽；选体重大的种鸽配对生产；减短换羽期；实行鸽蛋人工孵化与合理使用保姆鸽，以及乳鸽的人工哺育技术。

三、人工鸽乳的配制

1～2 日龄的乳鸽，可用新鲜牛奶，加入葡萄糖及消化酶，配制成全稠状的人工鸽乳；3～4 日龄的乳鸽，可用新鲜牛奶或奶粉，加入熟蛋黄、葡萄糖及蛋白消化酶，配成稠状的人工鸽乳；5～6 日龄的乳鸽，可在稀粥中加入奶粉、葡萄糖、鸡蛋、米粉、复合维生素 B 及消化酶，制成半稠状的人工鸽乳；7～10 日龄的乳鸽，可在稀饭中加入奶粉、葡萄糖、米粉、面粉、豌豆粉及消化酶、酵母片，制成半稠状流质乳液饲喂；11～14 日龄的乳鸽，用稀饭、豆粉、葡萄糖、麦片、奶粉及酵母片等配成流质料饲喂。15 日龄后，可用肉鸡的雏鸡料与水 1∶3 混合，配制成流质料饲喂。

第四节　形态特征和生物学特性

一、肉鸽的形态特征

肉鸽躯干呈纺锤形，胸宽且肌肉丰满；头较小，呈圆形；颈粗长，可灵活转动；脚有 4 趾，第 1 趾向后，其余 3 趾向前；羽毛颜色多种多样，主翼羽 10 根，副翼羽 12 根，尾羽 12 根，品种不同，毛色各异，有纯白、纯黑、纯灰、纯红、黑白相间的"宝石花""雨点"等。成年鸽体重为 700～1 000 g，寿命可达 20～30 年。

二、肉鸽的生物学特性

1. 发育特性　鸽属晚成鸟，刚出壳的雏鸽尚未充分发育，眼睛不能睁开，不能行走、觅食，全身仅有稀疏绒毛，需亲鸽用自己嗉囊中产生出来的鸽乳喂养约一个月才能独立生活。

2. 鸽喜群居　肉鸽斗殴现象很少见，能友好相处，表现出合群特点，喜群居。例如，在喂食时，肉鸽会一起从栖架上跳到食槽旁进食，食饱后又凑在一起休息。

3. 生长快　刚出壳的雏鸽仅有 10 g 左右，20 d 后达到 650 g，增重 60 倍以上。

4. 适应性和警觉性强　鸽的适应性强，抗病能力也较强，在寒带及亚热带等较差的环境中都能适应。鸽对地域、气温、湿度、海拔高度、饲料种类、饲养方式等适应范围较广，但改变时要逐渐进行。鸽的记忆力强，放养家鸽能从很远的地方飞回饲养地。条件反射牢固，对环境的适应性强。鸽对周围的饲养环境、饲料、窝巢、用具、配偶及饲养人员等，都可形成一定的习惯记忆，一旦熟悉后则不会忘记。不愿在生疏的地方逗留、栖息，若改变窝巢，则需很长时间才能适应。鸽对外来刺激反应敏感。对动物侵扰和异常声响比较警觉，受到惊扰后，会引起鸽群惊慌、不安，甚至不敢回巢。

5. 配偶特性与繁殖习性　鸽是单配偶的鸟类，鸽在性成熟后，会对配偶进行选择，一旦配对后，则感情专一，保持一夫一妻制，雌雄不离。筑巢、抱窝等繁殖行为都由公、母鸽共同完成。因此散养种鸽必须雌、雄各半。

6. 饮食特性　乳鸽摄食完全靠双亲喂养，10日龄前的乳鸽摄食是完全被动，10日龄后的乳鸽会主动鸣叫求食。鸽饮水，一般是一口气喝足，很少再喝第二次。鸽没有胆囊，一般情况下以植物性饲料为主。喜食豆类、玉米、小麦、高粱等粒料，没有吃熟食的习惯。同时，鸽还喜食青绿饲料和沙砾，有嗜盐习性。

7. 清洁特性　洗浴是鸽的一个重要生活习性，平时尤其喜欢水浴，也喜欢日光浴，即使是在寒冷的冬季也会在冷水里洗浴，有利于清除羽垢和体外寄生虫。

第五节　肉鸽的生殖生理

一、雄性生殖器官

1. 睾丸　公鸽有一对睾丸，呈奶黄色，由系膜固定于体腔内背侧体壁上以及肾脏前叶的腹侧处，卵圆形，表面光滑，其大小随年龄、季节和健康状况的不同而不同。附睾不发达；阴茎不发达；无副性腺。雄性生殖细胞——精子，由睾丸生成。每个精子都有一个长而呈棒状的头，以及一个更长的呈鞭状的尾。精子在遇到雌性生殖细胞——卵时，就由精子头同卵结合而使卵受精。睾丸生成的精子，数以亿计，睾丸除生成精子外，也分泌雄性激素。

2. 输精管　每个睾丸都发出一根输精管。输精管是卷曲的小管道，离开睾丸后向后延伸，同输尿管平行，并同输尿管一同开口

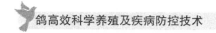

于泄殖腔内。输精管后端较为粗大，称为精囊，精子由睾丸沿输精管到达精囊后，就在该处等待交配。

3. 交配器官　鸽子的交配是公母躯体之间仅几分钟的短暂接触。接触时没有插入行为，因为公鸽不像公鸭和公鹅那样有交尾器，而只是在肛门有唇状突起，其"上唇"较母鸽突出，支配靠公母鸽肛门内的唇状突起开口相互吻合完成受精。

二、雌性生殖器官

1. 卵巢　母鸽只有左卵巢。卵巢通过系膜同左肾前叶相连，同时还同左侧肾上腺相连。卵巢由外部的皮质和内部的髓质构成，皮质则由含卵细胞的卵泡组成。卵巢表面布满滤泡，很容易见到其中不同大小的卵。胚胎中有右卵巢；成年鸽的右侧卵巢已经萎缩，只留下一点痕迹。雌性生殖细胞——卵就在卵巢中成熟。卵中除了有卵细胞外，还有蛋黄颗粒。卵巢在排卵后不形成黄体，卵巢分泌雌性激素。

2. 输卵管　由左侧卵巢外延伸出左侧输卵管，输卵管相当长而粗大，通常 7.5～10 cm，充分发挥功能时可达 50 cm。排卵期间，其重量可增大 50 倍。输卵管前端增大形成漏斗状，称为输卵管伞，伞部长约为输卵管总长的 1/4，成熟的卵在由卵巢落出之前就被伞部包住。卵由卵巢直接落入输卵管伞而进入输卵管的蛋白分泌部，该部长约为输卵管总长的一半。然后，在蛋白外面又被包上两层膜，即内壳膜和外壳膜。再后面就到了输卵管的蛋壳形成部，该部长约 7.5 cm，外表无任何特殊之处。当卵从卵巢排出，又经过长长的输卵管，最后到达泄殖腔时，就成了通常所说的蛋而产出。

第六节　发育规律

一、肉鸽生长发育规律

对于肉用类动物，体重与屠宰性能是重要的经济指标。和其他家禽不同，肉鸽作为晚成鸟类，出壳后不能独立采食，需要通过亲鸽的哺喂，因此具有独特的生长发育规律。肉鸽是早期生长速度最快的畜禽，生长时间短、品质优、商品价值高。研究肉鸽生长发育特点可为其营养需要及种鸽的培育提供参考依据。

（一）体重

体重与经济性状有着密不可分的关系，也可作为衡量肉鸽生长发育状况的指标之一。在养殖业中，生长速度快、增重强度大的特点体现了肉鸽较好的经济早熟性。何志华等研究表明，肉鸽从出生到 4 周龄体重达到 388.87 g，平均日增重为 13.70 g。0～2 周龄生长速度最快，2 周龄后急剧减慢，3～4 周龄下降到平均日增重之下。由此可见肉鸽前期生长速度快，增重强度大。乳鸽生长强度和蛋白质摄入含量呈明显的正相关，1 周龄时乳鸽生长强度最高，与鸽乳中高蛋白质含量密不可分；到 2 周龄时，随着鸽乳分泌减少，蛋白质水平下降，乳鸽生长强度也逐渐减少。

（二）屠宰性能

家禽的屠宰指标可以用于家禽品种的选育及鉴定工作，屠宰率和全净膛率是衡量畜禽生产性能的重要指标，通常家禽的屠宰率在 80% 以上，全净膛率在 60% 以上，认定为肉用性能良好。

二、母鸽的产蛋机制

（一）受精

在野鸽，精子可在母鸽体内保持受精活力近 8 d；在家鸽，精子可在母鸽体内较长时间保持受精力，但不会多于 2 周。雌雄鸽交配后 6～8 d 开始生下第一枚蛋，产第一个蛋之后 4～5 h 排卵，一般 40～44 h 后再产第二枚蛋，产完两枚蛋便开始孵化。

鸽子卵的受精在排卵后很快就发生。排卵发生在产蛋前 40～44 h，而受精则至少发生在产蛋前 24 h。因此，卵有 16～20 h 的时间存在于输卵管中等待受精。

在蛋黄表面可见到一个白色小点，这是胚盘，是卵的核心部分，受精作用就发生在此处。交配时，大量精子进入输卵管。精子凭借自身的运动，也借助于输卵管的蠕动而向深部前进。其中有些到达输卵管伞。输卵管伞是输卵管的漏斗状开口，卵由卵巢排出就被其接住，受精作用就发生在滤泡刚一破裂露出胚盘之时（或稍晚）。进入胚盘的精子可能很多，但只有一个与卵核结合，其他精子就都消失了。与此同时，受精卵开始分裂而产生很多细胞。

（二）蛋的形成

母鸽只有在受到可激发其生殖系统活动的足够刺激时，蛋的形成过程才会开始。通常每次有两个滤泡（有时两个以上）开始长大，其中渐渐充满蛋黄。发育速度是一个稍快些，而另一个稍慢些。一个卵从开始迅速发育到滤泡破裂而从卵巢排出，约需 4.5 d。排卵前的卵泡在一个较厚的囊中，称为滤泡。滤泡发育成熟时，卵巢附着点对面的囊壁变薄而形成肉眼可见的灰白色线痕，滤泡即沿线痕破裂而释放出卵子，这就是排卵。在此之前，卵巢就已被开始蠕动收缩从而产生吸力的输卵管伞部包住，所以卵一排出就进入输卵管。偶尔有卵在排出后落入体腔，这样就会产生极大的麻烦。排卵过程通常发生在上半夜。排出的卵，就是通常所说的蛋白，包在一层极易破裂的薄膜之中。

卵排出后进入输卵管，借助输卵管内壁纤毛的运动而下行。卵（即蛋黄）在通过输卵管上段具有蛋白分泌腺的部分时，被覆上一层层蛋白，在此过程中蛋黄发生转动从而使部分蛋白发生扭曲而形成卵黄系带。然后，在通过另一段具有特殊腺体的部分时在蛋白外覆上壳膜，再往下进入蛋壳腺部分（也叫子宫部）而在壳膜外再覆上蛋壳，即形成通常所见的蛋。正常鸽蛋呈椭圆形，有气室的一端稍大，但无明显的钝端与尖端。鸽蛋的大小因品种不同有较大区别，一般在 16～22 g。蛋壳白色，表面光滑。

排卵时输卵管的体积增大至平时的 50 倍。鸽子的蛋自排卵起经 20 h 才到达子宫部，在子宫中又停留 20 h 才产出。整个过程比鸡蛋的产出所花时间长。鸽的生产周期最快 30 d，一般为 45 d，也有 60 d 或更长时间的。其产蛋窝数与每窝蛋间隔随季节改变。试验记载，鸽子产蛋窝数一年平均 8 次，其间隔在秋季和冬季接近

45 d，而在春季和初夏为 30～32 d。

（三）产蛋

产蛋前，公、母鸽常蹲伏在巢盘内恋窝。公鸽不时飞出窝外衔草垫窝，并且总是昂头挺胸地追逐母鸽入巢，公、母鸽接吻交尾次数明显增多。鸽子在一个产蛋期中通常产 2 枚蛋。据观察，第一枚蛋多产于 15：00～18：00，有时也可在 13：00 或 19：00。第二枚蛋常产于第一枚蛋产出后 40～44 h，产出的时间常稍早于第一枚蛋，在 13：00～14：00，但偶尔也可在 8：00 或 16：00。另外，产蛋的时间还随季节以及昼夜长短而有所变化。

养鸽的人都知道鸽蛋可以"偷"，以增加它的产蛋数，在巢内留下 1 枚蛋，或换 1 枚假蛋就会再产 1 枚。如此做法，可以"偷" 3 枚，一窝总共产 5 枚蛋，如果两枚蛋同时取出，过 7～8 d，母鸽便可再产第二窝，一般一羽青壮年母鸽每月可产 3～4 窝，最少可产 2 窝。产蛋时间还受个体特性的影响。公鸽勤勉地孵第一枚蛋，会延迟第二枚蛋的产出，若公鸽伏在巢内，自然会阻止母鸽入巢产第二枚蛋。

三、肉鸽的繁殖过程及注意事项

（一）肉鸽的繁殖过程

鸽的配对是繁殖过程中的一个关键工作。鸽长到 3～4 月龄后，开始有第二性征出现，此时鸽会发情、交配，繁殖后代。在鸽自然繁殖时，会出现早配、近亲交配和配合不当等，引起品种退化和繁殖性能下降。家养鸽基本上不采用自然繁殖法，而采用人工配对的方法。在鸽到达 6 月龄（主翼羽脱换了七八根）进入成熟阶段前进行。

1. 雌雄鸽分栏饲养 为了防止鸽早配和近亲交配，以及为选留种鸽做准备，在鸽发情前，应雌雄鸽分开饲养。其步骤是：①在鉴别雌雄时，对每只鸽套上脚圈记录系谱，以便核对配对是否是近亲配，并延续系谱。②4 月龄分栏时，按性别分成两群。一群数量应按笼子大小决定，一般散养为 50 只左右。防止密度过大，因为雄鸽发情后会相互追逐、殴斗，造成伤害。③同一栏内同性别鸽年龄应当相同或接近，这样有利于管理和防止大鸽欺负小鸽造成伤残。分栏后难免会在鸽群中混入一些异性鸽。一般表现是，在雌性鸽栏中的雄鸽会显得非常活跃，不断追逐雌鸽；而雄性鸽栏中的雌鸽，则常受到几只雄鸽追逐、争夺，在鸽群中窜来窜去，头部及颈部常被啄去羽毛或啄伤。遇到这些现象，应该及时将异性鸽放入同性别鸽栏中。在将陌生鸽放入鸽群时，有时会受到原鸽栏的围攻，特别是雄鸽栏更明显。如果出现这一情况，最好及时将陌生鸽提开，或者在开始时看护好新放鸽，及时赶开围攻者，这样慢慢就会互相熟悉起来。有条件的地方，可在栏边设一隔离笼，先将陌生鸽放入，待鸽相互接触熟悉后再并笼。

2. 配对前种鸽的选留 按照每个品种的选留标准逐只进行选择，对伤残、弱小的鸽及时淘汰。在种鸽饲养阶段，日常饲料的供给一般每天 2 次为宜，每次控制种鸽采食达到九成饱，但饮水不限制。因为种鸽太肥会影响繁殖性能，出现雄鸽精液不良，精子少或畸形精子多；雌鸽产蛋少甚至不产蛋等。太瘦则造成营养不良，易患营养性疾病，对精子、卵子的形成有一定的影响。

3. 配对前疾病预防 在配对前应该对鸽群进行免疫疫苗接种和预防性用药，为混群做准备。在配对前 15 d 用红霉素、四环素或环丙沙星等抗菌药预防传染病，用左旋咪唑或枸橼酸哌嗪（驱蛔灵）驱虫；鸽群每周洗浴一次，最后一次洗浴时，在水中加适量的杀灭菊酯，以杀灭鸽虱、鸽蝇等外寄生虫。

4. 鸽舍、鸽笼及用具的准备 鸽舍、鸽笼的设施应根据具体情况来规划。一般家庭饲养可利用阳台或门前空地，用铁丝网圈起来。而鸽场应该按自然配对或人工配对进行设计。进鸽前 2 周对舍内外环境、笼体、水槽、饲料槽、保健砂杯、产蛋巢及用具等全面清洗、消毒。在干燥 48 h 后，再重新消毒和灭虫，然后空关 8 d，待干燥后使用。

5. 配对 鸽子的配对方法通常有两种：一是自然配对，二是人工配对。

（1）自然配对　是让数量相等的雌雄鸽放在一起，这些年龄大小相同或相近的鸽，在培育圈内"自由恋爱"，寻找配偶，两两配对。配上对后，给每一对带上相同颜色的足环，以便识别。孵出仔鸽后，对仔鸽进行检查，假如仔鸽优良，则让这一对继续繁殖下去，这时可见其移入永久性的种鸽圈内。这种配对方法的优点是方便，较省人工。缺点是时间长，约需1个月，常导致品种、毛色、体型和体重的差异，不利于获得优良的后代。遇到有少数雄鸽特别活跃和多处强占巢穴时，配对率低。在某些没有系谱记录的鸽场，易出现近亲配对。此方法一般用于不留种的商品鸽场。

（2）人工配对　是指养鸽人挑选自认为是相互间最合适的一雄一雌单独养在一个圈内，或是放在配种笼中配种。强制配对适合各种形式的鸽场和各品种配对，其做法是1个笼子放1对，中间有隔离网。上笼前，先检查配对鸽的体重、年龄及健康状况，符合标准的才选择上笼。上笼方法是先将雄鸽按品种、毛色等有规律地上笼，把同品种、同羽色的鸽放在同一排或同一间鸽舍内，鸽上笼2～3 d后用同样方法选择雌鸽上笼。待雌鸽与雄鸽熟悉后，一旦两鸽相互接近，就可拆除隔离网，让其配对。小群饲养也可采用这种配对方法。一只鸽子可以同好几只异性相配，可以同其最后一只配偶同居下去，但它以前的配偶须不在同一圈内，否则它又会投向以前的配偶，尤其是重新配对还没多久的鸽子。配对后群养鸽不要打开笼门，要训练鸽认巢，鸽认巢后才不会出现争窝、打斗现象。这种方法的优点在于可防止近亲配对，还可以按照人为意志选育，并且完成配对时间短，只需几天就能完成。

（二）繁殖中的注意事项

要经常检查巢盆内有无垫草，无垫草时容易使种蛋破裂而影响繁殖率。同时要注意巢盆稳定和位置固定。巢盆不稳定，容易摔坏或摔死幼鸽；巢盆不固定，还易导致种鸽误入而发生争斗，影响繁殖。

试验表明，年轻种鸽、新配种鸽产的头三窝蛋，孵出的幼鸽体质、性能都良好，因此不能拿掉所谓"头窝蛋"。

由于种鸽对幼鸽哺育不勤，会导致幼鸽发育迟缓；给食不坚持定时定量，缺乏饮用水，也会影响幼鸽的正常发育。在饲养管理中要特别注意这些细节，发现情况及时处理。

孵化后的 1 周内，不能让母鸽与雏鸽分离。要注意鸽舍和巢盆的卫生，防止寄生虫。

在鸽子孵化时，鸽子对外面的警戒心很高，所以一般不要去摸蛋，或偷看鸽子孵蛋，不要让外人进入鸽舍参观，尽量保持鸽舍的安静环境。遇到鸽子在孵蛋期间到外面活动的情形时，不必担心，鸽子知道如何孵蛋、如何调节温度。

调整饲料的营养，粗蛋白质含量为 18%～20%，才能使鸽子获得足够的营养，为雏鸽的出生准备好丰富的鸽乳。

如发现鸽子每窝产 1 枚蛋，或产软壳蛋和砂壳蛋，这是营养及保健砂的问题，解决的办法是供给营养丰富的饲料和优质的保健砂。

如果遇到无精蛋数量增多或种鸽性欲不强，可给雄鸽注射睾丸素，每次 0.5 mL，连续注射 4 d。另外，要注意群养鸽中雄鸽和雌鸽的比例适宜与否，如果雄鸽多于雌鸽，鸽群就会出现争偶打架现象，导致交配失败、打斗受伤。雄鸽或雌鸽偏多，都会造成无精蛋及破蛋增多。

凡是无精蛋、死精蛋、死胚蛋、破蛋均要及时剔除，如果无用的蛋不拿出来，抱窝的时间过长，亲鸽将会自行弃蛋而不顾。长此以往，会影响今后的哺育能力。

如果同时有几窝都是产 1 枚蛋，可以把两三窝合并成一窝孵化。孵化中剔除了无精蛋、死胚蛋以后，剩下的单个发育正常的蛋孵化时间接近的情况下，也可以两三个合在一起孵，以提高鸽群的繁殖率。

发现某对种鸽产的蛋常有无精蛋或死精蛋出现，就要重新配对或淘汰。对于不会孵蛋和育雏，或孵化中发病、死亡种鸽留下的种蛋，可用"保姆鸽"代替孵化。

鸽蛋要保存在干燥、通风、正常的室温环境中，保存时间不能过长，否则会影响胚胎的成活率。

（三）鸽蛋孵化技术规范及注意事项

1. 鸽蛋的孵化规律　无论采用自然孵化还是人工孵化，照蛋都是一个不可或缺的步骤，了解每一天中蛋的形态有助于及时挑选出死胚、未受精蛋，并检查鸽蛋发育情况。鸽子孵化期为 18～19 d，随着胚胎的发育，不同胎龄的胚呈现不同的情况：

第 1 天：鸽蛋产下时，受精卵已发育达到囊胚期，生成的囊胚腔将细胞层与卵黄分离而显得明亮，称为"明区"，胚胎周缘与卵黄粘连处，透明度差，形成暗区。原肠、原始消化道前消化道、神经沟、体节、体腔等分别形成，在胚盘边缘出现红点称"血岛"，俗称"血珠"。

第 2 天：心脏形成并跳动，羊膜生成头褶，侧褶，覆盖头部并包围胚体，卵黄囊血管区形状似樱桃，形成"樱桃珠"。绒毛膜开始形成。

第 3 天：羊膜发育为二层，外层是体壁中胚层，内层是外胚层，而构成胚外体腔的脏壁中胚层则成为浆膜，在浆膜与羊膜之间形成浆羊膜腔，尿囊在此腔中伸展，胚胎被包围在浆羊膜腔中，羊膜腔充满透明的液体，这些液体对保护胚胎起到缓震的作用。

第 4 天：发育至第 4 天，性别已确定，胚体按头曲、颈曲、脊曲、尾曲形成 C 形体。神经系统中脊神经根形成、感觉器中眼、消化系统中前消化道、呼吸系统中肺及肺循环基本形成，此时以卵黄囊进行呼吸，之后由尿囊来维持呼吸。动、静脉，左右心室完全相通，卵黄囊血管密布形似蜘蛛网状。至此鸽胚发育已完成。

第 5 天：尿囊已逐步代替卵黄囊的呼吸作用，尿囊已达蛋壳膜内表面，卵黄囊血管分布占卵黄表面的 1/2，此时卵黄由于蛋白水分渗入而重量加倍。喙原基出现，躯干部增大，翅膀可区分，主轴骨骼和肢骨骼的软骨已形成，此时为透明状态。小肠和大肠已见全貌，在胃后小肠第一弯曲部发育成为十二指肠。头部和增大躯干部 2 个小圆团在照蛋时明显，犹如双珠起浮。

第 6 天：喙前端出现小白点（卵齿），口腔鼻孔、肌胃形成，胚胎已显鸽类特征，尿囊液急增，卵黄囊血管呈放射形分支状，羊膜腔内充满羊水，此时胚胎悬浮在羊水中，不易看清，半个蛋已布满血丝。

第 7 天：鸽胚的尺骨、肋骨、桡骨、胫骨、股骨开始钙化，肝、肺、胃明显，颈、背、四肢出现羽毛乳头。羊水由无色透明渐渐变为紫色。

第 8 天：喙角质化，软骨变骨质化，眼睑已达虹膜。胚胎的心、肝、胃、肠等发育良好，脚趾也已形成。

第 9 天：尿囊血管从胚胎正面向背面发展，已达蛋的锐端，尿囊绒毛膜血液循环已达高度血管化的结合膜。照蛋时，除气室外，整个蛋被血管布满，此时俗称合拢。合拢这天鸽胚最易判别特征。

第 10 天：鸽胚的喙尖、腿部角质化。身躯形成皮绒毛，胃、肠开始有功能，喙开始吞食蛋白，眼表皮合拢后可自由开闭，羊膜发出颤动使羊水震动加剧，保证胎儿各部分均匀发育。此时胚胎生命力最强，不会轻易死亡。

第 11 天：胚胎浆羊膜道完善。胚胎从此日后增重较快，筋骨发育较全，需求营养增多。

第 12 天：胚胎中胎儿变位，头部转向气室，脚趾紧靠头部，胎体纵轴与蛋纵轴平行，胚胎背部尿囊动脉血管发育加快，卵白吸收加快。

第 13 天：胎儿体内外器官和组织完全形成，翅、足部趾与趾的鳞片形成，胚胎也日趋长足。

第 14 天：从皮肤中衍生出的绒毛已布满全身。蛋白呈茶褐色，在蛋锐端分两部分：上部已经液化，下部浓稠。胎儿已成形长足，喙转向气室，二足紧贴头部。

第 15 天：躯干部增大，头部相对较小，头弯曲埋在右翼下，眼微睁。羊水、尿囊液减少，气室越来越大，胚胎发育全部完成。由于呼吸量大，胚胎处于 2 个呼吸系统交换过程中，一旦排气不足，极易造成后期死亡。

第 16 天：胎儿长成，喙已顶破内壳膜伸入气室，开始用肺呼吸。尿囊尚呈鲜红色，尿囊呼吸还需保留一段时间，尿囊动、静脉开始枯萎，卵黄囊萎缩，卵黄全部吸收入腹腔。双足呈抱头状，以便在出壳时挣扎帮助出壳。发育后期已可见喙、翅膀闪动，隐约可闻鸣叫声，俗称"音叫"或"闪毛"。

第 17 天：胎儿头部进入气室后数小时即开始啄壳，先啄气室顶壁，然后沿蛋的最大横径处逆时针方向不断移伸，在啄壳 2/3 周长时，鸽雏用头顶，二足用力蹬挣，破壳而出。在这个啄壳过程中，使胎儿呼吸、血液循环和运动系统得到加强。在挣扎中扯断尿囊血管，促进脐部收口。此时绝大部分雏鸽已出壳。

第 18 天：雏鸽全部出壳完毕。在体内贮存极少卵黄供胎儿出壳初期利用。

2. 鸽子的自然繁殖技术及其注意事项 鸽子作为一种鸟类，和其他家禽一样具有筑巢、孵化和育雏的习性。在自然状态下，鸽子的自然孵化具有较高的成活率。鸽子在笼养情况下，自然孵化的出雏率在 80%～90%，雏鸽成活率在 95% 左右。因此，自然状态下，有 10%～20% 的生产鸽哺育单雏，饲养管理水平较低的鸽场，单雏率高达 30%。但是在笼养的鸽子中，鸽子无法筑巢，如果让鸽子自然孵化，就需要为鸽子人工筑巢。

鸽巢由巢盆和垫料组成。巢盆没有严格的要求，可以是各种大小适中的容器，比如脸盆、铁碗盆等，但是巢盆内的垫料由于直接与鸽子和鸽蛋接触，直接影响鸽巢的舒适度和孵化效率，所以应当加强重视。在满足成本、舒适性和保温性要求后，鸽巢的垫料主要有以下几种：①草料或稻草，草料或稻草作为垫料主要的优点是保温性能较好，但是弹性欠佳。在使用时稻草如果太短容易散落在鸽巢外，如果太长会缠住鸽脚，并且将鸽蛋带出窝外，因此，使用草料和稻草作为垫料要适度切碎，一般以 3～5 cm 为宜；②谷壳：谷壳作为垫料主要的优点是保温性和弹性较好，缺点是容易滋生寄生虫和被爬散出巢盆外，因此，选用谷壳作为垫料需要及时补充；③细沙：其优点是具有良好的缓冲性，有效地减少了孵蛋的破损，对保温无不良影响，又能把巢内的粪便沾成团，便于清除，一般在出雏前更换一次即可。此外，细沙还具有不助长寄生虫和来源广的优点（张裕南，1986）。以上三种垫料以干细沙为最理想，应是首选的鸽巢垫料。用稻草垫料有时破蛋率可高达70%多。由此可见人工鸽巢应是：①具有一定重量的巢盆，其重量不少于亲鸽的体重，才不易翻倒；盆底为浅凹型，深4～5 cm，盆的口径略长于亲鸽体躯的长度，为20～22 cm，这样亲鸽或雏鸽的粪便能排出巢盆外，符合清洁卫生的要求。②以干沙为垫料，在临产蛋前放入约2 cm厚的干沙于巢盆中。这样的人工鸽巢，能防止压破孵蛋并保持清洁卫生，孵化效果好。

孵化哺育雏鸽是肉用生产鸽的繁殖特性，一个繁殖周期约需一个半月时间。但是当生产鸽在孵育周期中失去蛋或幼雏后，就会自动终止孵育，经过7～15 d就重新产蛋进入下一个繁殖期。人工饲养自然繁殖的鸽子为了增加繁殖效率可采取并蛋法和并雏法缩短部分鸽子的繁育周期。并蛋就是将一部分生产鸽作为供蛋鸽，把这些鸽子的蛋取出并入孵化鸽窝内孵化，一般每对生产鸽孵3枚蛋为好，最高不能超过4枚（陈正溪，2010）。此外，孵化过程中，也可以通过照蛋剔出未受精蛋，将日龄相近或发育相同的受精蛋并窝孵化。并蛋要求蛋龄相差不超过2 d，因为相差太多，迟出的雏鸽吃不到鸽乳，影响生长发育。供蛋生产鸽供一窝蛋后就会让其孵化一次，以防生产鸽孵化和哺育性能下降。并雏就是将人工孵化的雏鸽或其他种鸽孵化出的雏鸽并入哺育单雏或双雏生产鸽的窝内，让其哺育的技术措施。据我们的经验，每次哺育雏鸽3只为宜，增加到4只后，大部分雏鸽发育不良，乳鸽商品率下降而且影响生产鸽的正常繁殖及健康。采取并雏生产方式时，一是应把蛋或雏鸽并给年龄比较小、哺育性能好的生产鸽，可增加成功率；二是并入雏鸽与原有雏鸽的日龄及个体差异不能太大，以免争食喂偏，降低乳鸽商品率，达不到并窝的目的；三是并雏最佳时间是雏鸽1日龄，过早、过迟相并效果都不好；四是长期并窝会增加生产鸽劳动强度，影响其健康，故生产中应让连续哺育雏鸽的生产鸽间隔休息，即每哺育一窝后，将其所产蛋并给其他生产鸽，让其休息恢复体力后继续繁殖生产。此外，生产鸽哺育期嗉乳变化比较大，并窝时应将日龄大的雏鸽并入日龄小的雏鸽窝内。相同日龄的雏鸽，应将个体大的并入个体小的雏鸽窝内，尤其要将日龄大、生长发育差的雏鸽并入日龄小，但个体上相近的雏鸽窝内，从而提高并雏成功率。

3. 鸽蛋人工孵化的技术细节

（1）种鸽分组　选出 30％产蛋性能好、受精率高，但抱孵性差、喂仔劣的青年种鸽组成产蛋组，作为专门产蛋用鸽群。选出 70％孵化好、喂仔佳的壮老年种鸽作为孵喂组，担任孵化喂仔任务。两组种鸽不用调动笼位，只要在其原位上做记录能区分即可。

（2）拼蛋孵化　将产蛋组种鸽每天产下的鸽蛋于当天 20：00 开始取出，拼给孵喂组，每窝孵 3 枚蛋，故称"拼孵三蛋"。被拼的 1/3 产蛋组种鸽免去孵化任务，专职产蛋，隔 7～13 d 就会产下一窝蛋（2 枚），使全场种鸽产蛋率显著提高。

（3）鸽巢准备　鸽巢底部放一层麻布，上面铺上干沙、稻草、谷壳等作为垫料。垫料厚度 3 cm 左右，如果垫料是稻草，需要将稻草切至 3～5 cm。

（4）照蛋调整　每隔 4～5 d 照蛋一次，每次照出无精蛋、死胚蛋时即取出，并按每窝三蛋进行调整合并，让被拼蛋的种鸽提早产下一窝蛋。此举对增产加蛋作用显著。

（5）出雏调整　孵到 17～18 d，雏鸽出壳，按每天出雏数进行灵活调整，让哺喂能力强的喂 3 只，让哺喂能力差的喂 2 只。对哺育 3 只的种鸽应当补饲增水。为对哺喂鸽减负，缩短产蛋周期，可在喂至 7～8 日龄时，转由人工哺喂至上市，能使产蛋量更加提高。

（6）就巢处理　种鸽产下 2 枚蛋后即就巢孵化是鸽子的自然本性。当人为地长期取走鸽蛋时，少数种鸽会出现恋巢抱窝延误下轮产蛋时日。有效简便的方法是：在取蛋的同时连窝端掉（应是活动蛋窝），迫使孵鸽无巢立即醒抱，隔 6 d 后放回蛋窝再产第二轮蛋。既解决了懒抱，提早产蛋，又便于将蛋窝清洗消毒，避免蛋窝沾满粪便。

4. 鸽子的人工孵化技术　电脑孵化鸽蛋技术是利用肉鸽专用

孵化机代替种鸽自然抱孵，使种鸽免去孵化过程，缩短产蛋间隔周期，增加产蛋量，避免亲鸽孵化时因温度、湿度、猫（鼠）惊吓、人员操作等原因造成破蛋、凉蛋，从而提高孵化率和出雏率。孵化应根据鸽蛋特点及胚胎发育规律进行，并要先少量试验，稳定几批后方可大批进行。具体操作技术如下：

（1）取蛋 在每天 20:00 以后或第二天 10:00 前，将种鸽产的鸽蛋全部取出，过早或过迟，均会给孵化带来不良影响。取蛋时须将垫布一同取出，以免种鸽恋巢抱窝影响下一轮产蛋。同时，做好种鸽产蛋时间和鸽蛋标记记录。选蛋：应挑选大小均匀、色泽新鲜的种蛋。过大的双黄蛋、过小的珍珠蛋、畸形蛋、沙壳蛋、裂纹蛋及病鸽产的蛋均不得入机孵化。将选好的种蛋保存在通风干燥处，温度 10～20 ℃，相对湿度在 45% 左右，保存期为 3～5 d。

（2）孵化记录 将入孵鸽蛋数、无精蛋数、死胚蛋数、弱雏数、健雏数等作详细的记录，并建立档案，随时根据孵化鸽蛋、出雏质量调整好鸽群，这对提高受精率和出雏率起着非常重要的作用。

（3）温度 把生产 1～4 d 的种蛋经消毒后，放入蛋箱入孵，电孵箱内的温度控制在 37.8～38.2 ℃，此温度应在放孵前调整好，当孵化到 3～5 d 时，观察有 80% 的胚胎能见到明显的"眼点"。第 5 天看到胚胎只有 4 d 的"小蜘蛛网"，温度偏低，提高温度 0.2～0.3 ℃，第 9 天胚胎合拢在 70%，温度适宜。每 2 h 记录 1 次温度。

（4）湿度 孵化前期 1～10 d，湿度控制在 50%～55%，后期逐渐增到 60%～65%，用 40 ℃ 温水兑 1% 的食醋喷于蛋表面，每天 3 次，增加湿度，软化蛋需胚胎大端朝上观察，经观察记录有 70% 的胚胎正好在蛋的最大直径处"打嘴"，且呈小梅花状，说明湿度适宜。如果位置偏上，表明湿度偏高，失水较少；反之偏低，失分过多，这样应适当调整湿度 2～3 个百分点。出雏器 65%～75%，每 2 h 记录 1 次相对湿度，并通过增减水盘、控制水温和调整水位来调节相对湿度。

（5）孵化机应通风 氧气含量控制在 21% 左右，二氧化碳含量控制在 0.04%。孵化期前 5 d 关闭进出气孔，以后逐渐打开至适当位置。并用氧气和二氧化碳测定仪器实际测量，同时在控温系统正常情况下，参照加温时间长短调整，通风换气过度，调小进出气孔；通风换气不足，调大进出气孔。

（6）翻蛋与晾蛋（孵化机） 自入孵后 1～11 d 每昼夜翻 6 次，5～16 d 每昼夜增加到 8 次，角度为前后各 45°转动。待到 17 d 出雏期不翻蛋，把已啄壳的种蛋放在平板出雏蛋盘内，让其自行出壳。翻蛋的同时结合晾蛋，每次晾蛋时间依照室内温度而定，当室内温度在 20 ℃左右时，晾蛋时间一般前期 4～6 min，后期为 8～10 min。

（7）照蛋 孵化到第 5 天开始第 1 次照蛋，照蛋工具为手电筒和自制照蛋器。孵化第 11 天进行第 2 次照蛋，并挑选出无精蛋和死精蛋。

（8）消毒 孵化期间一般进行三次消毒。第一次在入孵前，入孵前种蛋消毒的方法很多，常使用新洁尔灭消毒法、紫外线消毒法；第二次在入孵后，常使用烟雾消毒法；第三次在孵化中后期进行，当出雏 30%时，喷雾消毒孵化机。

四、雌雄鸽乳中营养成分差别

1. 鸽乳的形成 大多数杂食和草食鸟类都具有嗉囊。嗉囊具有储存浸润食物的功能，嗉囊中微生物发酵作用产生的低 pH 环境是阻挡病原体的功能屏障，对于家鸽而言，嗉囊还是合成鸽乳的场所。与哺乳动物乳腺泌乳系统相比，嗉囊形成鸽乳的系统相对简单，嗉囊位于食管末端，是食管的延伸，嗉囊上皮的组织结构与正常食管上皮类似。鸽嗉囊不是腺体，鸽乳分泌不属于腺体分泌过程，静息状态时，嗉囊黏膜由约 10 层扁平上皮细胞构成，并以肌肉层和固有层支撑整个上皮组织。进入孵化期的中后期，在垂体激素催乳素的作用下，雌雄亲鸽嗉囊壁黏膜的基层与棘层细胞分裂活动增强，黏膜上皮增厚，血管的密度和数量随之增大，为氨基酸和脂肪的积累提供保障，同时，棘层细胞逐渐积累脂肪并向嗉囊腔表面迁移，嗉囊腔表面的复层扁平上皮细胞不断增大并相互融合，形成角化层。进入哺育期，血液供应贫乏，嗉囊上皮细胞最终角质化脱落至嗉囊腔中，形成乳酪状的鸽乳。鸽乳于雏鸽孵化前 14 d 开始生成，直到雏鸽出壳后开始分泌，且持续分泌 2 周。自然状态下，鸽乳为白色或淡黄色糊状物，表面可见油状物，具有酸败味。

2. 鸽乳的组成　维持幼鸽快速生长需要大量的蛋白质。一般认为，每天摄入相当于其体重 10% 的蛋白质，能满足幼鸽机体生长发育的需要。前期的鸽乳中含有大量免疫球蛋白和丰富的生物活性酶。生物活性酶主要包括碱性磷酸酶（ALP）、半乳糖酶（Galactase）、亮氨酸氨肽酶（LAP）、谷氨酰转肽酶（GGTP）、酸性磷酸酶（ACP）等。另外，研究结果显示：淀粉酶、胰蛋白酶和脂肪酶等酶类在脱落的嗉囊黏膜细胞中积累增加，最终成为鸽乳的一部分；同时，鸽乳中的肽酶，如磷酸酶、亮氨酸氨肽酶和谷氨酰转肽酶的活性也相应增加了。这些酶和肽酶能作为有效补充而提高雏鸽消化能力，使雏鸽消化道能够适应鸽乳高蛋白和高能量的特性。随着鸽乳分泌期的延伸，鸽乳中的粗蛋白含量呈下降趋势，由最初约 13% 下降到第 5 天的 9% 左右；其中，大分子蛋白质下降趋势与粗蛋白下降趋势保持一致；小分子蛋白、多肽和可溶性氨基酸总量保持平稳或略有增加。

早期自然鸽乳中必需氨基酸与非必需氨基酸的比例为 48∶52，这一比例有利于机体对氮的利用。研究显示：0～3 d 的鸽乳中谷氨酸（Glu）和天冬氨酸（Asp）的含量较高，占总氨基酸含量的 37.8%，但之后浓度快速下降。此外，3 d 后浓度显著下降的氨基酸还有缬氨酸（Val）、苏氨酸（Thr）、丝氨酸（Ser）、甘氨酸（Gly）、丙氨酸（Ala），而亮氨酸（Leu）、异亮氨酸（Ile）、苯丙氨酸（Phe）、组氨酸（His）、赖氨酸（Lys）、精氨酸（Arg）的含量则较稳定或略有增加。第一限制性氨基酸蛋氨酸（Met）在 0～3 d 的鸽乳中约占总氨基酸含量的 1.07%，4～6 d 则有下降（0.77%）。

亲鸽分泌的鸽乳中，粗脂肪含量从幼鸽出壳前就开始逐步上升，直到幼鸽 10 日龄时才开始降低，说明脂肪对幼鸽的生长发育十分关键。早期的研究显示：0～4 日龄的鸽乳中粗脂肪含量很高，可到达 9％～11％；其中，磷脂质占 43.49％，中性脂肪占 56.54％。而另一些研究却显示：鸽乳粗脂肪中除了含有磷脂质和中性脂肪，还含有一定量的糖脂，其比例分别为 8％、80％、12％，并且鸽乳中磷脂质和糖脂含量会逐渐增加。卵磷脂是磷脂质的主要成分，其次为鞘磷脂和脑磷脂。1/3 的卵磷脂为溶血卵磷脂。中性脂肪中 35％为胆固醇，其他的中性脂肪主要成分为甘油三酯和游离脂肪酸。65.2％的脂肪酸为不饱和脂肪酸，包括 8.0％的棕榈油酸、39.4％的油酸、12.6％的亚油酸、5％的亚麻酸。饱和脂肪酸主要含有 17.6％的棕榈酸、14.8％的硬脂酸、1.7％的花生酸、0.7％的豆蔻酸。一般来说，泌乳前期中性脂肪总量保持稳定，然而其成分却发生了变化，如甘油三酯降低 24％，而游离的固醇类物质、单甘油酯及碳氢化合物则分别增加了 8％、11％、2.5％。不饱和脂肪酸和饱和脂肪酸保持 1：0.27 的比例不变。

鸽乳中矿物质含量约为 2.6％，略低于牛奶的 3.3％，而高于人奶的 1.0％；鸽乳中的微量元素，如铁、锌、锰、铜等，均高于人奶和牛奶的相应指标。其中，鸽乳中磷（34.8％）、钙（22.8％）、钾（21.99％）、硫（11.14％）和镁（8.09％）是主要的矿物质成分，而铁（0.85％）、锌（0.23％）、锰（0.05）、铜（0.03％）是微量元素。随着哺乳期的延伸，钙、钾、镁、钠、锰等元素的含量保持稳定，而磷、铁、锌、铜等元素的含量下降明显。

3. 雌雄鸽乳的差别　雌雄鸽乳可以看作或等同于全价乳鸽饲料，雌鸽嗉囊中鸽乳分泌量于雏鸽出壳后第 3 天开始减少，而雄鸽嗉囊中鸽乳分泌量则于雏鸽出壳后的第 13 天才开始减少。雏鸽 3 日龄之后，鸽乳中逐渐掺杂了谷物，随后原粮谷物的比例不断增加，直至哺乳期结束鸽乳被原粮谷物所取代（Vandeputte - Poma，1980）。雌雄鸽乳成分在种类上相当，但在各组分含量上存在显著差异，雄鸽鸽乳主要营养物质组分含量优于雌鸽，但在激素水平、酶活性方面雌鸽优于雄鸽。鸽乳营养组分分析表明，雄性亲鸽分泌的鸽乳粗蛋白、粗脂肪、总能、磷及缬氨酸、甘氨酸含量显著高于雌鸽，但钙含量相当。

4. 人工鸽乳的研究进展 尽管对鸽的生物学特性及解剖学已经研究很多，但对其营养却知之甚少，原因之一在于雏鸽出壳后依靠亲鸽分泌的鸽乳喂养至 28 d，这就限制了产雏数。到目前为止，还没有哪个国家正式制定乳鸽的营养需要标准。基于对乳鸽的营养需要和采食特性缺乏足够的认识，人工鸽乳的研究（尤其是0~7日龄代乳料）至今仍是一个难题，以往国内外大多只是研究 8 日龄后的乳鸽料，并取得了一定的成功。

Goodman 等发现，日粮中蛋白水平为 16.5％或 18.5％时，比日粮中蛋白水平为 14.5％时乳鸽的 28 日龄体重更重。Wolter 等（1970）以蛋白水平 12％~26％的日粮饲喂乳鸽时发现，乳鸽生长的最适蛋白水平为 18％。Yang 等（1987）试验得出，0~7 日龄乳鸽的粗蛋白（CP）需要量为 53.3％（干物质基础），最佳代谢能（ME）需要量为 15.36 MJ/kg，ME/CP 为 288。黄启贤等（1994）报道，用玉米粉、熟大豆粉和大豆饼粉等，外加少量鱼粉、骨粉及添加剂预混料，采用人工灌喂方法分别喂给 ME 基本相同（12.34~12.51 MJ/kg，以每千克干物质计），CP 为 19.6％、21.8％、24.6％和 26.2％水平的日粮，结果发现，8~28 日龄乳鸽对日粮中蛋白质的最适需要量应在 22％~25％之间。同时还研究了在 CP 水平为 24.6％时，8~28 日龄乳鸽日粮能量（ME）的最佳水平为 12.96 MJ/kg。余有成等（1998）认为，8~28 日龄乳鸽人工饲喂时日粮的 CP 为 21.98％，ME 为 13.56 MJ/kg，蛋能比为 16.2 g/MJ，其生长速度最快。且不同周龄乳鸽对日粮中 CP 和 ME 水平的反应各异，第 2 周是 CP 为 22.0％与 ME 为 12.37MJ/kg 时乳鸽的生长速度最快，第 3 周则是 CP 为 23.5％与 ME 为 12.34 MJ/kg 时乳鸽的生长速度最快，第 4 周时 CP 为 23.5％与 ME 为 12.94 MJ/kg 时乳鸽的生长最快。顾拥建等（2003）对 12 日龄后的乳鸽进行人工饲喂，结果表明，人工鸽乳 ME 为 12.6 MJ/kg，CP 含量为 18％

时性价比最经济，而且可以使乳鸽提早 3～5 d 上市，同时可缩短种鸽产蛋周期 6 d。岳炳辉和刘兆红等（2005）以肉仔鸡料（CP 为19％）饲喂 10 日龄乳鸽，结果表明，试验组比对照组平均体重提高 3.22％，但差异不显著；可以极显著缩短亲鸽的产蛋间隔，并且试验组比对照组单只乳鸽节省饲料成本 0.25 元。谢青梅等（2001）对 0～10 日龄乳鸽进行人工饲喂，结果表明，该阶段乳鸽可以脱离亲鸽进行人工喂养，最佳能量和蛋白需要分别为 15.38 MJ/kg和 53.3％（以干物质计），其配方为鱼粉 16.5％、奶粉 62％、植物油 21.5％，另外再添加少许添加剂。曾秋凤（2 002）对 0～10 日龄人工鸽乳进行研制，其中 0～5 日龄代乳料的 ME 为 13.36 MJ/kg，CP 为 38％；6～10 日龄代乳料的 ME 为 13.39 MJ/kg，CP 为30％，而后进行人工哺喂。结果表明，试验组（人工哺喂）乳鸽 3日龄体重、5 日龄体重以及 0～5 日龄平均日增量极显著低于对照组（自然哺喂）；试验组乳鸽 6～10 日龄平均日增重极显著高于对照组；但试验组乳鸽 10 日龄体重及 0～10 日龄平均日增重与对照组无显著差异。综上所述，同阶段不同蛋白水平对乳鸽的增重影响较小，并可以缩短种鸽的产蛋周期，节省饲料成本，提高种鸽的繁殖率。

第五章
饲养与管理

第一节　肉鸽育种技术与繁殖技术

我国肉鸽业从 20 世纪 70 年代开始兴起，经过 40 年的发展，据不完全统计现存栏父母代种鸽 4 000 万对左右，年出栏商品肉鸽 6 亿多只，食用鸽蛋 8 亿个，生产总量已占到世界总量的 80% 以上。乳鸽素有"动物人参"之称，鸽蛋口感绝佳，具有养颜、滋补功效。作为优质健康食品，肉鸽产品满足了消费分级中的高端消费需求，随着经济发展，人民收入提高，消费需求量逐年上升。消费带动了生产，肉鸽养殖近年来发展迅猛。肉鸽养殖的发展适应了我国对农产品（禽产品）供给侧结构性改革的需要；作为低投入、快产出的养殖项目，肉鸽养殖也成为我国广大贫困地区脱贫致富的首选项目。目前各级政府开始重视肉鸽业，从政策层面给予一定的倾斜，同时也吸引了企业的投入和科研院所的参与，可以预见未来几年肉鸽产业必将在家禽养殖业中迸发活力。在看到肉鸽养殖业美好前景的同时，我们也要正视影响产业发展的问题。肉鸽养殖作为小产业，整体饲养量和发展水平都远远落后于传统家禽。当前突出存在的问题主要有：养殖的品种混乱，生产性能低下，营养标准缺失，疾病防控技术落后，集约化、自动化养殖程度低等。

养殖效果的关键是养殖对象"种"。种的好坏决定着后续生产成绩的高低。好的种如何获得呢？这就需要通过育种。育种是一个系统且复杂的工程，主要的科研和新品种（配套系）培育应该在科研院所与大的种鸽场开展，但小型养殖场一样可以开展种鸽选育。

目前肉鸽的育种方法有引入杂交（二元、三元）、轮回杂交、级进杂交、近交系、提纯复壮等。

肉鸽的主要经济性状包括成年体重、性成熟期、产蛋量、蛋壳品质、受精率、孵化率、生长率、饲料效率、屠宰率和屠宰品质等。一般认为这些性状中遗传力最高的是体重；其次是生长率、产蛋率、性成熟期和饲料效率；遗传力最低的是蛋的受精率和孵化率。但目前对这些性状的了解还不够，仍需进一步研究。

一、肉鸽种质资源现状

（一）引进品种杂化，自主培育品种缺乏

在我国 20 世纪 70 年代开始肉鸽养殖时，国内只有石岐鸽可以适用。为了提高饲养量和产量，我国先后从国外引进的优良鸽种有十多个，其中应用较为广泛的有美国王鸽、卡奴鸽、泰深鸽、欧洲肉鸽等，这些鸽种有各自的生产性能特点。但进口种鸽，价格高昂，引进数量有限。引进之初大部分都是在炒种，没能进行有效选育；且由于引种数量较少（200～300 对），近亲繁殖，导致后代生产能力下降，陷入"引种—退化—再引种"的恶性循环中；另外，随着养殖规模的扩大，为了满足种源数量需求，广大鸽场只能利用简单的二元经济杂交（进口鸽种与本地鸽杂交）向市场推出。引进鸽种严重退化与杂化的同时，我国肉鸽自主种育工作明显滞后于产业的发展，时至今日《中国畜禽遗传资源志·家禽志》上地方鸽品种仅有石岐鸽和塔里木鸽，尚未有新的肉鸽新品种（配套系）育成。

（二）种鸽自养自繁，生产性能退化

由于肉鸽养殖起步较晚，大多数养殖场规模较小（2 000～3 000对），整个产业育种意识淡薄，没有种鸽和商品鸽的概念。多数情况下养殖户都是从没有供种资质的企业购买所谓的"种鸽"，购回的种鸽品种不纯；养殖户买回的种鸽一边生产一边留种，没有专门的育种群，留下就是种；甚至有的鸽场为了一时利益，大的乳鸽出售了，偏小的乳鸽留下来养着，成了种鸽。所以目前大多数

养殖场种鸽品种混乱、生产性能退化严重。

（三）育种技术研究滞后，评价体系缺失

纵观动物遗传育种的发展历程，育种方法经历了从低到高几个不同阶段，包括常规的育种方法、数量性状遗传方法、生物技术和分子遗传标记方法。目前鸽子的育种工作主要集中在前两个阶段的传统方法上。由于鸽方面的科研较传统家禽的落后，所以很多评价指标、名词术语也是套用传统家禽。但传统家禽的评价体系并不能完全适用于鸽，造成行业内种鸽生产性能统计数据严重不足，且已有数据统计不标准、可比性差。针对以上问题，在肉鸽养殖业内开展育种技术普及实施显得十分迫切。一方面，科研院所与大的种鸽场开展联合攻关，提出肉鸽种质资源的评价指标，选育新品种（配套系）提请国家审定，争取早日培育出具有我国自有知识产权的鸽种，创新提高肉鸽育种技术；另一方面，中小养殖场自主开展有目的的种鸽选育，不断提高自家种鸽生产性能。种鸽场和生产鸽场共同构建我国肉鸽的良种繁育体系。

二、肉鸽实用选育技术

（一）明确概念

根据利用方向划分肉鸽和蛋鸽。随着人们消费水平的提高，鸽蛋的市场需求量越来越大，在传统的肉鸽生产中逐渐分离出双母配对，以生产鸽蛋为目的的鸽种，这些鸽应称为"蛋鸽"。传统的以生产乳鸽为目的的应称为"肉鸽"。当前我国鸽场内并没有严格意义的"蛋鸽"，是在原有肉鸽品种的基础上不断提高产蛋性能，进而用于鸽蛋生产，实际上这些鸽种应属于兼用品种，用于乳鸽生产是肉用方向，用于鸽蛋生产是蛋用方向。

（二）代次的划分

借鉴蛋鸡和肉鸡的代次划分，蛋鸽、肉鸽应依次分为：曾祖代、祖代、父母代、商品代，曾祖代、祖代和父母代都是种鸽。在此需要说明的是，在肉鸽上，直接出售的乳鸽，就是商品代；用于生产乳鸽的产鸽就是父母代种鸽，进而往上推；而对于蛋鸽，用来

产鸽蛋的产鸽，是商品代蛋鸽，然后往上推。

（三）生产阶段的划分

建议：育雏期（乳鸽期）：0～4 周龄；育成期：5～25 周龄（其中童鸽期 5～9 周龄，青年鸽期 10～25 周龄）；产蛋期（产鸽期）：26 周龄以后。

1. 引种　刚开始搞养殖的企业，需要引种。引种务必要从有供种资质的企业购买，并了解购进种鸽的品种和代次，要求卖方开具引种证明。而企业本身也要根据自己购进的代次决定可以出售的产品。如果购进祖代，可以出售父母代种鸽，自己也可以留种；如果购进父母代，那只能出售商品鸽，自己最好不要留种。

2. 选育技术　对已经引进过种鸽，或是自己场内有生产鸽，不想再从其他场购买种鸽，但又想对场内已有鸽群选育提高的，就需要开展选育工作。开展选育前最好是将场内的生产群和育种群分开；如果局限于群体数量或其他条件，至少要分留种阶段和生产阶段。

3. 鸽选育的特殊性　传统鸽生产，一公一母配对。新出生的雏鸽没有单独生活能力，依靠双亲逆呕鸽乳喂养至 25～28 日龄，才能离窝。鸽正常的产蛋周期在 40 d 左右，繁殖力较低。鸽可以利用的繁殖期一般是 4～5 年，繁殖力旺盛期是第 1～3 年，一群生产鸽通常是逐渐淘汰低产鸽、补充新鸽，所以群体鸽龄很难在一个比较接近的范围。传统肉鸽养殖模式是亲鸽产蛋，自行孵化、哺喂雏鸽。但养殖户为了提高生产效率，现在普遍采用"并蛋、并仔"、人工孵化技术。一对亲鸽喂养 2～4 只雏鸽，喂养的乳鸽只数不同，乳鸽的体重相差也会比较大，亲鸽自身的体能消耗不同，对后续的生产性能也会造成影响。所以在描述肉鸽生产性能之前，首先要明确是采用何种生产方式，这样数据才有可比性。鸽群体数据大部分是以单对种鸽的生产性能为基础加以统计后获得。

4. 育种的实质：选与育　育种是以培育良好生产性能或某种优异种质特性的种鸽为目的，为实现这个目标简单来说就是要做两件事：选和育。选，就是从群体中选择出生产性能好的鸽子，淘汰生产性能差的鸽子。乳鸽体重落在选择范围内，才能留下来作为青年鸽继续饲养，青年鸽和产鸽在不同生产阶段按照育种指标选优汰劣。只有满足育种要求选留后的产鸽的后代才能作为种鸽。每一世代不断重复选择，提高性能。遗传进展的快慢（生产性能提高的程度）取决于淘汰力度的大小。育，就是让选留下的优良产鸽尽可能多地繁殖后代，扩大种鸽的后备群。精细化管理，保证种鸽健康，生产性能正常发挥。

5. 选择指标

（1）生长性能指标（育雏、育成期）

① 28 日龄体重：乳鸽作为肉鸽养殖主要的终端产品，是以只为单位销售，在 450～500 g 的乳鸽已达到上市体重，而同等情况下 550 g 以上的乳鸽售价可增加 2～4 元/只，所以更大的乳鸽体重是育种和生产的主要目标。部分消费地区喜食用 16～21 日龄左右的妙龄鸽，但为了生产性能测定的可比性，建议还是使用通用的"28 日龄体重"。当然为了适应不同消费地区的需要，养殖场也可以根据自己的需要选择商品鸽上市体重。

② 25 周龄体重：25 周龄鸽子基本已达到体成熟和性成熟，处于上笼配对期。这个时候达标的体重是后续发挥良好繁殖性能的保证。

（2）繁殖性能指标（产鸽期）

① 产蛋间隔：母鸽产相邻两窝第一个蛋之间相隔的天数。产蛋间隔的长短直接决定了产鸽产蛋数的多少。由于目前生产中经常"并蛋、并仔"，种蛋和雏鸽总在不停的调整之中，生产记录纸上反映的种蛋受精率、孵化率（出雏率）、乳鸽成活率不能代表本对产鸽的水平。产蛋间隔可以在产鸽生产记录纸上清楚地看到，计算也相对简便。在其他指标保持正常的情况下，产鸽产蛋间隔通常 35～40 d，没有孵化带仔任务的产鸽（也包括商品代蛋鸽）产蛋间隔 13～15 d，如果连续 3 次产蛋间隔高于某个指标（可以根据本场的情况定）即可淘汰，简单可操作，效果也令人满意。

② 年产蛋数、种蛋受精率、孵化率：是孵化出尽可能多的雏

鸽的基础，是产鸽重要的繁殖性能指标。

③ 年产乳鸽数：一对产鸽一年生产乳鸽的数量，这一指标是若干繁殖指标的最终计算结果，是考核一对产鸽繁殖性能的终极指标，使用"年产乳鸽数"更加简洁明了。

（3）群体性能指标

① 整齐度：是指体重在群体的平均体重 10％上下范围内的个体所占的比例。这个指标最初是肉鸡育种提出的，为了追求体重一致性。目前这个概念得到推广：某指标在群体的平均值 10％上下范围内的个体所占的比例。对鸽子来说，最重要的整齐度还是体重。为了上市规格的一致性，乳鸽上市体重要整齐；为了得到相对整齐的繁殖性能（体重过高，繁殖力下降；体重过小，后代乳鸽体重偏小），25 周龄体重整齐度也要高。

② 0～4 周龄存活率：这个指标反映的是亲鸽的哺喂能力和乳鸽的抗逆性。由于雏鸽需要依赖亲鸽存活，亲鸽的哺喂能力也是选择的一个重要指标。

③ 5～25 周龄成活率：反映了青年鸽的适应性和抗逆性。青年鸽很难养，这是业内公认的难题。5～25 周龄成活率高则可以有效降低生产成本，存活的产鸽生活力也相应会更高。

④ 月乳鸽产出比：月乳鸽出栏数量/产鸽对数，如"1.0 的产量"就是指当月平均一对种鸽产了 1 只乳鸽。月乳鸽产出比越高，乳鸽产量越高。

⑤ 月平均产蛋数：一对蛋鸽当月可以产几枚蛋，如"5 枚蛋的产量"就是指当月平均一对蛋鸽产了 5 枚鸽蛋。蛋鸽月平均产蛋数越高，蛋产量越高。

（4）体型外貌　肉鸽羽色众多，喙色、胫色、爪色不尽相同，胫羽有无，是否有凤冠等也不同。体型外貌性状简单地说就是选择自己需要和喜欢的留种，不符合标准的淘汰。经过多个世代的选择，纯度一定会逐渐增加。如有条件，需要检测控制性状的是单基因还是多基因，遗传方式如何，得知以上信息后有的放矢选择。

（四）数据记录

育种工作的基础是准确与完善的数据记录，以生产记录统计出的生产性能是选择的依据。

1. 系谱记录 系谱记录是为了明晰每只鸽子的血缘。只有做好系谱记录才能在优秀产鸽选出后找到其后代作为后备种鸽；另外，在下一代配对时才可以避免近亲交配。做系谱记录的物质基础是给乳鸽在 15～20 日龄时佩戴不易脱落的脚环，脚环上有唯一的编码。编码可以根据育种工作需要设置品系代码、代次、家系号、个体号等信息。

2. 生产性能记录 在养殖的过程中，每个鸽棚要有群体的生产记录，每对产鸽笼上挂有生产记录表。工人要及时准确地记录群体数量的变化，每日的产量，每对产鸽的产蛋、照蛋、出雏、出乳鸽的情况。根据这些记录统计群体和单对产鸽的生产性能，进而选择。

（五）选择标准的确定

每个鸽场，不同的育种团队，都会根据自己的实际情况，针对不同的性能指标确定选择标准。选择标准不是一个固定的值，确定后也不是一成不变。影响选择标准确定的因素有：待选群体的大小，留种率的高低；育种目标的高低，待选群体具备的生产水平；选育的方向，种的目标；所处的育种阶段等。实际操作者根据自身情况，灵活确定。由于肉鸽的配对特性及雏鸽亲喂的特殊生理及生产习性，导致肉鸽育种比较困难，但为了适应肉鸽产业快速发展的步伐，肉鸽育种已刻不容缓。希望每个肉鸽养殖场都能根据实际情况，重视种鸽的引进与培育，开展力所能及的选育工作，不断提高自己的生产水平，进而获取更高的养殖效益。

三、肉鸽的选种方法

选种是指从鸽群中按照一定的标准衡量筛选各个个体，选择优质个体留作种用，并淘汰品质较差的个体。肉鸽的选种和其他家禽一样，从个体品质鉴定、系谱鉴定和后裔鉴定三个方面进行。

（一）个体品质鉴定

个体品质鉴定，主要是以本品种的优良性状或育种目标为依据进行选择，包括外貌鉴定和生产力鉴定两部分。

1. 外貌鉴定 通过观察、触摸和测量去判断鸽子发育和健康状况是否良好，从而判定哪些鸽子可以留作种用。通常，留作种用的鸽子应具有下面一些外貌特征：头颈较粗，头顶较平，额宽阔，喙短而钝，眼睛虹彩清晰、光亮而有神，羽毛紧密而有光泽，身躯、脚及翅膀发育良好，无畸形，龙骨直而不弯、不太突出，胸宽体长，脚胫粗壮，体格魁梧，尾小而窄，呈"一"字形。这些特征也可以作为外貌特征的依据。

2. 生产力鉴定 鉴定肉鸽的生产力主要根据乳鸽的生长和育肥能力，以 20～25 日龄乳鸽生长和育肥能力作为标准。在能量饲料占 65%、豆类饲料占 35% 左右的日粮配方条件下，25 日龄活重达到 600 g 以上为上等，500～600 g 为中等，500 g 以下为下等。此外也要考虑不同的饲养条件，因为饲养条件不同，鸽子的增重不同。乳鸽在育肥期间增加体重和贮存脂肪的能力，可用每日平均增重（克，g）来表示。

（二）系谱鉴定及后裔鉴定

亲鸽如果都是优良个体，所产生的后代一般也优良，因此，在选种时往往要考虑种鸽的来源，也就是要进行系谱鉴定。所谓系谱，是指鸽子还祖的有关资料，通常由种鸽场记录保存，有条件的种鸽场都应建立系谱档案，通过对系谱的分析，了解每只种鸽的历史情况和遗传特性，供选种时参考。系谱编写应逐只鸽子进行，以免混淆。应该在每只种用鸽的脚上套上有编号的脚环。

系谱鉴定是指对鸽子祖先的生产性能进行的鉴定。一般认为影响鸽子品质最大的是父母代，其次是祖代，再次是曾祖代。祖先越远，对后代的影响就越小。在研究系谱时，主要考虑父母代的影响，同时也要看各代的趋势。实践证明，如亲偶是优良的，其后代一般亦是优良的；若从系谱中可见的主要经济性状一代比一代好，则选留这只鸽子的效果可能是好的，相反则效果不一定好。在选种时往往要考虑种鸽的来源。因此，鸽场要建立系谱档案，系谱档案中的有关数据可供选种时参考。①后裔与亲代比较：以第二代母鸽的配对繁殖生产性能同亲代母鸽的比较，如果"女鸽"的平均成绩超过"母鸽"的成绩，则说明"父鸽"是良好的种鸽；如果"女鸽"的平均成绩低于"母鸽"的成绩，则"父鸽"为较差的种鸽。以 P 代表"父鸽"成绩，D 代表"女鸽"成绩，M 代表"母鸽"成绩，按公式 $P=D-M$ 计算，如果得到的结果 P 为正数，"父鸽"为优良者，如果 P 为负数，则"父鸽"为低劣者。②后裔与后裔比较：种鸽在繁殖数窝后即拆对，更换为 1 只母鸽同原来的公鸽交配，然后比较 2 只母鸽所得后裔的性能，便可以判断母鸽遗传性能的优劣。③后裔与群鸽的比较：以种鸽所产后裔的生产指标与群体平均数作比较，如前者的生产指标高于群体的平均数，则这对种鸽为优良者，相反则是低劣者。

人们知道后代的优劣与双亲的遗传性是密切相关的，但遗传性受生活环境和条件的影响是很大的。因此，在鉴定时给后裔提供相应的饲养管理条件是完全必要的。优良的种鸽在产出优良后裔的同时也会产出劣质的后代，在生产实践中常见到这样的例子，这是遗传变异的现象。在鉴定时，不宜根据个别劣质的后裔就对种鸽作出否定的结论。正确的方法必须对体型体质、生长发育、产卵孵育、乳鸽生长速度和育肥能力、饲料利用、生活力、抗病力等多种性状进行综合考察后再作出肯定或否定的结论。

四、肉鸽选配方法

选配是指在选种的前提下，选择品质优良的适宜结合的鸽进行配对，以产生生产性能优秀的后代，充分发挥优良种鸽的作用。制定合理的选种和选配计划是两个相辅相成的工作，都是育种工作的重要组成部分。选配是选种的继续，种鸽经过鉴定选出后，就进行配对繁殖。种鸽选配方法可从以下几方面进行。

（一）同质选配

同质选配就是选择生产性能或其他经济性状相同的优良公、母鸽交配。这种配种可以增加亲代与后代的相似性和后代全同胞间的相似性，在遗传上可以增加后代综合基因型的频率，巩固和加强优良性状，但是在亲代中相似的杂合基因型，也常在后代向两个极端分离，因而也可在后代中增加群体的变异程度，分为具有一定特点的子群。同质选配可分两种：只根据个体表现，具有相似的生产性能和性状，并不了解双方系谱的配种称为表现型同质选配；根据系谱、家系等资料，判断具有相同基因型的个体间的交配，称为基因型同质选配。近亲交配就是极端的基因型同质交配，是由于亲鸽来源相近、生活条件相似，或者血缘关系很近，而使遗传性变得保守，生活力下降；而且选配过程中先代的缺点积累起来，从而影响后代的种用价值，这是进行同质选配应注意的问题。

（二）异质选配

异质选配就是选择具有不同优点的公母鸽进行配对，以使双亲的优良性状结合在一起并遗传给后代，从而获得兼有双亲不同优点的后代，但双亲优良性状不一定能很好地结合在一起。

另外，也可选择同一性状，但优劣程度表现不同的公母鸽相配使亲鸽一方的优点去弥补另一方的缺点，从而达到改进后代生产性能的目的。这种做法即"以优改劣""以好改坏"。异质选配可以增加后代基因的杂合型的比例，减少后代与亲代的相似性，但不能把异质选配理解为具有相反缺点的亲鸽配对繁殖的后代，就可以相互抵消或矫正亲代的缺点。如以左脚畸形的父鸽配右脚畸形的母鸽，或者龙骨凹陷的配背部隆起的鸽，而以为它们的后代可以克服亲代缺点的想法是完全错误的。实践证明，这样选配的结果并不能使亲代的缺点相互抵消或矫正，相反这种选配方法有时还会出现一些品质不良的后代。

（三）亲缘选配

这种选配是指根据不同的育种目的，考虑交配双方亲缘关系的选配，称为亲缘选配。根据双亲的亲缘关系的远近程度，又可将亲缘选配分为亲交、非亲交、杂交和远缘杂交4种。

实行亲缘关系较近的杂交，其目的是使鸽的遗传性稳定，使后裔具有高度的同质性，与祖代相似。因此，为了保留未巩固鸽群中某些优良个体的性状或特征，常常会采用亲交，即选择与这个优良个体亲缘关系较近的异性个体与之交配，繁殖后代。但长期的亲交会使后代的生活力、体质和繁殖力严重下降。因此，在鸽的育种工作中，通常是采用杂交使一些优良性状迅速稳定后，就要立即改用非亲交甚至杂交，以免产生不良的后果。

（四）年龄选配

考虑公、母鸽年龄而进行的选配称为年龄选配。随着年龄的增长，鸽逐步衰老，生活力也逐渐减弱，其后代的品质也在变差。所以用老公鸽与青年母鸽配对，其后代多表现为母亲特点优势；老母鸽与青年公鸽配对，其后代则多表现为父亲特点优势。在生产实践中常采用后一种配对方法。

通常鸽的寿命为7～8年，有的也可活20年，一般公鸽比母鸽长寿，但可利用的年限没有那么长。最理想的繁殖年龄是1～4岁，这段时间中2～3岁是繁殖力最强的时期，此时不仅产蛋对数多，而且后代的品质优良。初发情的幼鸽不适宜配种。5岁以上的种鸽繁殖力开始衰退，不仅产蛋数下降，后代的体质也差，当然也有例外的，个别公鸽到10岁仍保持旺盛的繁殖力。

在进行鸽的选配时，为了充分利用优良的种公鸽，可以施行人工授精，其方法与鸡的人工授精方法相似。据资料介绍，首先选出雄性强的优良公鸽，单独隔离进行训练。采精时，一手托住鸽胸，另一手以手指刺激其泄殖腔周围，抚摸轻揉，使其性器官突出泄殖腔外至射精状态，直至精液排出。当鸽子射精时就压紧泄殖腔，并迅速用集精器承接精液。鸽子射精呈喷雾状，精液呈白色带黏性，每次可采精0.3 mL。

输精时，左手捉住母鸽，右手压紧尾部，左手各指拉紧下腹的皮毛，使皮内紧张，在泄殖腔的左上方找到输卵管的开口后，用注射器插入输卵管约1.25 cm深处，缓慢地注入精液。每次注射量为0.05 mL。每周人工授精1次，受精率可达85%～95%。若剂量增至0.1 mL，则受精率更高。为了顺利进行采精和输精，应使鸽保持轻松和安静。

此外，选配前要做好种鸽的分群分组工作。选择出来的种鸽，应根据已记载的鉴定资料，将种鸽分为初鉴定群、已鉴定群和续鉴定群。分群后，再根据生产性能优良程度、特点、亲缘关系（注意有无近交）进行细分，以供编制配种方案时应用。

制订选配方案必须经过周密调查，掌握种鸽的遗传背景、主要经济性状平均值及有关品种或品系的特点，该品系或品种的生物学和经济学适应性、亲缘关系等资料；了解育种工作的具体条件，明确育种目标，确定选择和鉴定步骤，注意选配双方的品质、等级、年龄及其优缺点，慎重考虑，估计和权衡利弊得失，制订选配方案。在选配方案拟好之后，应努力保证其实施，做好有关记录，及时分析选配效果。

五、纯种（系）繁育

纯种（系）繁育是经常使用的繁育方法，是保持优良血统与特性的一项重要措施，也是进行杂交改良的基础。

纯种繁育是指同一品种（系）的父母鸽进行交配，以求保存该品种的优良特性。例如，我国的鸽子地方品种很多，其中有的具有不少优良性状，如早熟、产蛋率高、耐粗饲、抗病力强等，但也存在个体小、生长慢、乳鸽品质差、市场竞争力弱等缺点。国外引进的品种肉鸽体型大、生长快，乳鸽品质好，市场竞争能力强，但是对饲养管理水平要求较高，存在适应性和抗病能力差等缺点。为保持鸽的优良性状，常采用纯种繁育的方法。繁育时，首先要摸清存在的问题，确定选育目标，然后进行严格的选种选配，搞好提纯复壮，提高后代的纯合性。这样经过数代的选择，即可培育出纯种或纯系。

六、杂交繁育

品种间或品系间的交配为杂交，杂交获得的后代称为杂种。杂交可以动摇亲代的遗传性，使遗传性状发生变异。从遗传性状变异过程中可以育成新的品种或品系，还可以利用杂种优势去提高产量。

（一）杂交优势利用

杂种优势是生物界普遍存在的现象。遗传上无亲缘关系的两个品系的个体交配，杂种一代表现出生命力强，生长发育快，繁殖率高，饲料利用率高等优良特性。可以把这种杂交优势直接应用到生产上，例如，用国外优良公鸽与繁殖性能高的我国地方品种的母鸽进行交配，可获得体型大、生长快和乳鸽品质好的杂种一代。但是杂交一代不能留作种用，因为杂交一代横交，会出现性状分化问题。

（二）杂交育种

鸽子的杂交育种是一种改进现有品种质量和创造新品种的育种方法。通过两个或多个遗传特征不同的个体之间的杂交，获得遗传基因更为广泛的杂种，经过继代选择和培育就能够创造新的变异类型。

杂交亲本的选择应做到：双亲应具有较多的优点，亲本间的优缺点能得到互补；亲本中的基础品种能适应当地的环境条件；亲本之一应具有突出的主要目标性状；亲本的配合力要好，获得杂种优势的程度要高。

杂交方式主要有：①引入杂交。就是将引入品种与原品种交配一次，从杂种一代中选出优良个体与原品种回交1～2次，保持外来血缘占12.5％～25％。其目的是改良原品种1～2个性状，而不是全部。②级进杂交。就是优良品种公鸽与被改良的母鸽交配，获得杂种一代母鸽再与改良品种的另一公鸽交配，如此连续几代杂交，直到后代品质接近改良品种的生产水平，再横交固定，自群繁育。其目的是彻底改良原品种的不良性状。③复合杂交。就是选择遗传基础不同的两个或多个品种，运用各种杂交方式（如单元杂交、三元杂交、双杂交和回交等）以产生理想型的杂种，通过严格的选择选配，培育出新的品种。

七、鸽群的提纯复壮

对于生产商品肉鸽的大中型鸽场，只要充分利用本场现有的肉鸽品种和品系，采取科学的技术措施进行鸽群的提纯复壮工作，经数代选育后种鸽的优良性状就能得到恢复和发展。鸽群的提纯复壮工作要做好选种选配和定向培育工作，关键是建立核心群并做好核心后代的选育。

（一）建立核心群

核心群的成员是由鸽群中符合种鸽标准的个体组成。一般按如下要求选择：体型和毛色具有本品种特征，同时应符合肉用种鸽的外貌要求——体质健壮，结构匀称，发育良好，无畸形，额宽，喙短，颈粗，眼大有神、眼睛虹彩清晰，胸宽深、胸肌发达，龙骨直而不弯，脚胫粗壮，羽毛紧密而有光泽。体重可参照各个品种的标准，肉用种鸽一般要求体重适中。体型太小，乳鸽达不到上市要求；体型太大，往往生产性能较差。繁殖性能好，要求每窝产蛋2枚，无异常蛋，产蛋窝数多，年产蛋8～10窝，受精率、孵化率达到85%以上，育雏能力好，乳鸽上市体重达到品种平均值以上。种鸽年龄以1～4岁为宜。

具体的选择步骤：认真观察，检查生产记录，统计有关数据，充分了解现有种鸽的情况。根据核心群的选择要求，结合本场鸽群种质的实际情况，合理确定具体的评选条件。如果现有品种品系杂、退化严重，鸽群的总体质量差，那么各项指标的选择条件要适当降低，反之，要提高指定的选择条件。把鸽群中符合选择条件的优良种鸽一对对选出来，必要时可以拆开重配将选入核心群的种鸽放在同栋鸽舍，由专人精心饲养管理。首选的核心群种鸽应有一定数量，以保证有足够的后代可供选育。在后代中逐渐加强选择力度。

（二）核心后代的选育

核心群的后代要戴上脚环，做好记录，专栏饲养。经过"三选"，合格者即可加入核心群，使核心群不断充实、扩大。

1. 初选　在25日龄或1月龄留种时进行。体重（空腹称重）达品种平均值以上，生长发育良好，有本品种特征者为合格。选择时一对乳鸽同时选留，不能只把体重大的一只留下，体重小的淘汰。因为同一对乳鸽多数是一公一母，且一般公鸽体重大于母鸽，如果单纯把其中体重大的一只选留，往往会导致公多母少，使鸽群比例失调，影响将来配对生产。

2. 复选　在6～7月龄配对前进行，凡体质健壮、体重、体型符合要求者为合格。在入选童鸽进行人工配对时，公母鸽要求同一品种，毛色尽可能一致，体重不要相差太悬殊。可采用同质选配、品系繁育，尽量避免近亲配对。

3. 鉴定　对复选入围配对繁殖半年后的种鸽进行第三次选择，主要检查生产性能，凡符合原先确定的核心群种鸽选择条件的为合格，把合格者补充进核心群，不合格者可编入普通种鸽群加以利用。

（三）核心群的扩大与更新

生产商品乳鸽的大中型肉鸽场。一般都没有系谱记录，第一次选择的核心群种鸽只是根据外貌与生理特征，结合产蛋、孵化情况鉴定优劣。选出来的种鸽是否能将它们的优良性状传给下一代，必须观察其后代的生长发育和生产情况。核心群的后代应做好系谱记录，根据后代情况对核心群种鸽进行后裔鉴定。把符合选择条件的优良后代加入核心群的同时，及时将后代品质差的种鸽淘汰出核心群，使核心群不断更新，质量不断提高。

（四）管理要点

1. 专人负责选种选配工作　根据鸽群现状确定核心群选择条件，挑选核心群的种鸽，核心群后代的选种选配及培育方案都应由场里的技术人员或聘请有关单位的育种专家专人负责。有关工作要在负责人的指导下进行。

2. 加强饲养管理　核心群后代对环境条件、饲养管理、营养供应的要求比普通鸽群要高。鸽舍要通风良好、光线充足、地面干爽、易于防寒保暖和防暑降温，后代童鸽应采用离地饲养，并设有飞棚，以增强鸽的体质。提供营养水平较高的饲料和保健砂，在保健砂中适当提高蛋氨酸、赖氨酸、色氨酸和多种维生素的含量。安排经验丰富、工作细心的饲养员负责饲养管理工作。

3. 做好生产记录　核心群种鸽要进行称重、编号，并详细记录生产情况。一般要记录毛色、产蛋数、受精率、出雏率、乳鸽成活率及后代初选体重等多项指标。初选入围的核心群后代应戴上编有号码的脚环，记录亲鸽号码、初选体重、病残或死亡情况、复选体重、毛色特征，复选入围配对后则按核心群种鸽的要求进行记录。根据记录情况及时采取相应的饲养管理措施，选优去劣。

在今后肉鸽产业发展中，我们应努力提高我国创新水平，将科学研究与育种生产环节紧密联系起来。开发我国本土的肉鸽配套系产业，通过专门化品系，选育出高效的配套系品种，以提高肉鸽的繁殖力、适应性和改善肉品质，扭转当前自繁自养的传统模式，以及大规模国外引种的情况，通过自身的杂交配套系来改善生产群的遗传稳定性，充分利用各品种遗传背景的异质性，进一步拓宽肉鸽产业发展之路。

第二节　提高肉鸽繁殖的措施

一、种鸽的选择

优良的鸽种是加速肉鸽生产，提高鸽场经济效益的必要条件和基础。目前，饲养数量最多、分布最广的品种是白羽王鸽。其次，比较著名的是蒙丹鸽、贺姆鸽、鸾鸽等。优良的种鸽，眼睛明亮有光、虹彩清晰，羽毛紧密而有光泽，躯体、脚、翅膀均无畸形，胸膛龙骨直而无弯曲、胸宽体圆，脚粗壮，健康有精神，年龄 5 岁以下。可以选择本地鸽与白羽王鸽的杂交后代，充分利用其杂交组合优势。

二、种鸽的饲养管理

1. 饲料配制科学　科学的配制饲料在养鸽过程中尤为重要。在肉鸽饲料配方中，一般能量饲料占 70％～80％，蛋白质饲料占 20％～30％。全价配合饲料的应用改变了传统饲养方式，满足了不同阶段鸽子的营养需要，解决了鸽子挑食、偏食、营养不全的现象，避免了配制、添加保健砂的麻烦和劳动量。大大提高了亲鸽的产蛋和出仔率，饲料的消化和吸收率显著提高，使乳鸽生长迅速，加快上市速度，提高养鸽经济效率。每天喂 2～3 次，每只饲喂量35～75 g/d，喂食量应根据鸽的大小，运动和哺乳情况灵活掌握，对 3～4 日龄的青年鸽应限制饲养，防止采食过多，体质过肥。

2. 饮水要充足、清洁　鸽子饮水要清洁，可放置浅的饮水器皿，让其自由饮用。另外，鸽子喜欢洗浴，浴皿深度，应以能浸没身体、卧倒浸羽为宜。

3. 保健砂配方合理、充足　生产鸽的哺乳期，保健砂不能中断，并要保持新鲜，保健砂由矿物质、微量元素和一些药物配制而成，起营养和防病作用。其配方很多，例如：优质黄泥 35%、粗砂 15%、骨粉 11%、贝壳粉 11%、石粉 12%、食盐 3%、木炭粉4%、陈石膏 52%、龙胆草粉 23%、甘草粉 3%、蒲公英粉 1%。

三、科学配对

1. 人工配对　青年鸽在 6～8 月龄时可配对繁殖，一般任其自由选择配偶，但此法配对所需时间长，大约需 1 个月，且配对双方不好控制，故可进行人为强迫配对。经雌雄鉴定后，应先将两只种鸽放进中间设有隔网的笼内，使其能互相观望又不接触，这样让其熟悉几天，正常供水供料，以待相互产生感情后再将所设隔网抽掉。人工配对的种鸽，经过 10～12 d 观察，不啄斗，说明配对成功。在配对过程中要坚决避免近亲对的出现，同时还要注意同性配对。

2. 采用"一夫二妻"制配对　鸽虽然有严格的"一夫一妻"配对习性，但通过多年实践，人为调节是可以改变这种原始配对习性的。对于一些情感温顺的母鸽，笔者曾尝试"一夫多妻"制配对，即一只公鸽配对两只母鸽，且获得成功。但不能随心所欲进行配对，必须通过细致的观察、耐心的撮合才能成功。

四、生产措施

1. 合理利用保姆鸽　当种鸽配对完成后，一般于交配后的 3～5 d，间隔 24 h 相继产两枚蛋而后开始孵化。可将其所产蛋取出放入保姆鸽窝内使其孵化 4 枚蛋。被取走蛋后的母鸽大约 10 d 又将产第二次蛋。实践中采取一对保姆鸽以孵化 4 枚为最佳。鸽子和其他鸟类如鸡、鹌鹑不同，雏鸽孵出后眼尚未睁开，消化机能尚未健全，因此不能采食消化成鸽饲料。实践证明放入 5～6 枚也能安全孵出，但终因鸽乳分泌受限很难达到理想效果。另外个别种鸽在孵化中途出现弃蛋现象，也要及时将蛋并给孵化性能好的保姆鸽。在利用保姆鸽时，一定做好记录，记录对并蛋十分重要，并蛋只能并给早孵化（1～2 d）的种鸽而不能并入晚孵的种鸽，因为亲鸽在开始孵蛋后第 14 天开始分泌鸽乳。如果并入晚孵的窝内会导致提前出壳的幼鸽无母乳喂养而被饿死。也可让母性好的种鸽的幼鸽在大约 2 周龄时自己吃食，将弱的幼雏再放入母性好的窝内喂养。

2. 及时检查孵化情况　根据孵化记录孵化第 7 天后，人工检查有无破损蛋、中途夭折蛋、无精蛋等，发现问题及时采取并蛋等方法处理，以保证孵化率。

3. 严把出仔关　当孵化到了第 17～19 天，发育良好的仔鸽不需人工助产，可独自破壳而出。如果发现胚蛋内的血液已干，必须人工剥开蛋壳，协助仔鸽产出。特别是夏季炎热天气，人工助产尤为重要。对于破壳而出的仔鸽，要注意观察亲鸽是否能够正常哺乳，及时将不能正常喂的仔鸽放入其他窝内哺育。8～21 日龄乳鸽人工哺育较易，当发现亲鸽不会喂乳，应将乳鸽的嘴小心插入亲鸽口中，经反复调教后即可，同时要调换乳鸽的位置，可使亲鸽先喂较小的一只，以保证整齐度，当由于某种原因造成一窝只剩一只乳鸽时，可调拼乳鸽，将其合并到日龄相近的窝内饲养，以缩短种鸽产蛋周期。

4. 疾病防治

保证鸽只机体健康是发挥种鸽正常生产性能的前提，日常要做好免疫和常规预防，建立合理完善的生物防御体系。

目前肉鸽养殖场频发的疾病主要有：新城疫、毛滴虫病、鸽痘和沙门氏菌病，具体免疫和治疗方法参见第七章相关内容。

第三节　养殖模式多样化

传统的肉鸽养殖以"2＋2"生产模式为主，即一对亲鸽哺育 2只乳鸽，哺育的 2 只乳鸽可以是本对亲鸽所产蛋或拼蛋孵化的鸽仔，也可以是拼仔并仔。经过 40 多年不断探索，尤其是最近十多年肉鸽规模化养殖的发展，促使肉鸽生产潜能不断被挖掘，繁殖周期不断缩短，养鸽生产模式向高产稳产高经济效益发展。常见的养鸽生产模式有"2＋3""2＋4"及混合等肉鸽生产模式、"双母鸽拼对"蛋鸽生产模式，目前规模化鸽场一般采用的是"2＋4"肉鸽生产模式和"双母鸽拼对"蛋鸽生产模式。

1. 肉鸽养殖"2＋3"生产模式　这种养殖模式最早在江苏等地养殖场进行探索性研究，目前已经成为相对成熟的养殖模式，即1 对亲鸽哺育 3 只乳鸽，目前已经在全国大部分省市进行示范推广。该模式的优点是能够显著提高亲鸽的繁殖效率，降低劳动成本，还能够有效地避免种鸽在孵化时压破鸽蛋，减少鸽胚的死亡，也可以防止鸽粪的污染，有效地提高孵化率和出雏率。亲鸽哺育 3只乳鸽的消耗必然比哺育 2 只乳鸽大，该养殖模式采用人工孵化方式能够减轻亲鸽孵化的负担，可以在较短的时间内培育出大量的优质乳鸽，能够符合市场对乳鸽高品质的要求，提高肉鸽养殖规模化程度。

2. 肉鸽养殖"2＋4"生产模式　为了提高养殖的经济效益，人们尝试将刚刚出雏的乳鸽进行并窝处理，即将日龄相同、体重相近的乳鸽合并至一窝，让一对亲鸽哺育 4 只乳鸽的"2＋4"生产模式。该模式于 2007 年左右在广东开展生产，经过 10 多年示范推广，现成为规模化肉鸽场主要生产模式。要实现这种高产高效生产模式，需要一系列的技术支持，主要包括亲鸽的筛选技术、人工孵化技术、营养配方技术、种群保健与疫病防控技术及科学饲养管理操作等。只有通过这些技术配套使用，才能实现"2＋4"生产模式的高产稳产。首先要对所有亲鸽进行筛选，建立核心群，只有达到标准的亲鸽才能执行"2＋4"模式。要求每窝产蛋2枚，受精率、孵化率和乳鸽成活率都在85％以上，残次品率要低于0.5％，年产成品乳鸽14～16只（"2＋2"模式）以上，每只乳鸽23～25日龄时体重达550～600 g以上。为提高繁殖率，"2＋4"模式必须走自然孵化和人工孵化相结合，即将鸽蛋全部收集放孵化机孵化，将蛋收集走后，50％的亲鸽放入2枚假蛋，其他50％的亲鸽继续产蛋，待人工孵出的乳鸽出壳后，放入孵假蛋的亲鸽蛋窝中，把假蛋拿走，每窝放3只，5 d后再合并成4只，以提高成活率。有些鸽场采取一部分产鸽自然孵化和一部分人工孵化相结合，将人工孵化的2只鸽仔在1日龄并仔给带相同日龄相似体重鸽仔的亲鸽，生产效果也比较好。由于亲鸽（保姆鸽）超负荷哺乳乳鸽，养殖过程中要增加喂料次数（每天10次以上），少喂勤添，保证亲鸽的哺喂需要。

3. "2＋3"与"2＋4"混合生产模式　在实践生产中，选育出的亲鸽由于饲养管理、健康状态等原因，部分亲鸽哺乳4只乳鸽效果不好，带出的仔偏小，这时生产上会通过调仔等措施使其哺乳3只乳鸽。深圳天翔达鸽业有限公司根据亲鸽哺乳能力及状态，调整亲鸽带仔数量，证明这种混合模式既能充分发挥亲鸽哺育性能，延长产鸽使用年限，又能带出均匀健康的鸽仔，因此也被很多规模化鸽场所采用。

4. "2＋5（或6）"生产模式　有些鸽场选育出育雏能力强的亲鸽，加上科学营养及饲养管理等技术，可以做到一对亲鸽哺乳5～6只乳鸽。不过，这种生产模式不成熟，只是个别经验丰富的养殖场尝试。显然，亲鸽带仔越多，种鸽生产效率提高，生产效益也会提高。

5. "双母鸽拼对"蛋鸽生产模式　鸽蛋具有很高的营养价值，但是鸽繁殖遵循"一夫一妻"制，一个繁殖周期内产2枚蛋，自然繁殖周期为 45 d。为了提高鸽子产蛋量，探索出"双母鸽拼对"模式，即两只母鸽一起笼养，专门用于产蛋，是鸽蛋规模化生产的有效途径。研究证明，在笼养模式下双母鸽拼对生产的鸽蛋和公母配对生产的营养、品质并无明显差异。

随着自动化设备在肉鸽生产中的运用，标准化和集约化养殖迅速发展起来。如标准化饲养"江苏模式"，建立规模鸽场标准化厂房式鸽舍，鸽舍采用钢架结构，宽度达到 12 m，高度在 3.6 m，长度 80 m，空间是普通鸽舍的 6 倍。采用 2 层标准化大空间肉鸽笼，单个笼位长宽高为 50 cm×65 cm×50 cm，可饲养 8 对。采用天轨式全自动智能化喂料系统，由智能化微电脑进行全程控制。这些要求养鸽生产模式也要不断进行完善，更好地实现肉鸽与蛋鸽的高产高效。

第六章
饲料与营养

第一节　营养需要

鸽属于晚成鸟，根据生长阶段可以将肉鸽的生长分为四个阶段：

第一阶段，出壳至 4 周龄的肉鸽。刚出壳的幼鸽不能自主采食，需要亲鸽用自身嗉囊分泌的鸽乳哺乳幼鸽，在出壳 2 周后，亲鸽哺喂的鸽乳中已经含有部分饲料的成分，随着日龄的增长，鸽乳中食糜的成分逐渐被饲料所取代，这个阶段是肉鸽体重增长最快的阶段，在 14 日龄和 21 日龄时的乳鸽体重分别是出壳体重的 18 倍和 22 倍，在 21 日龄基本达到成年体重。

第二阶段为 4 周龄至 13 周龄的幼鸽，也称之为童鸽。这个阶段是肉鸽生长发育旺盛时期。饲养良好的幼鸽，可以选种进行交配；饲养不良的幼鸽，将推迟性成熟期，降低种鸽的繁殖性能和种用价值。

第三个阶段为 13 周龄至 6 月龄的幼鸽，也称为青年鸽。这个阶段为了避免肉鸽自由交配，通常会采取公母分群饲养，这个阶段是肉鸽身体发育和锻炼体质的重要时期，鸽舍及舍内设备用具均要达到前述要求。

第四个阶段为 6 月龄至淘汰，也称之为种鸽，这个阶段的肉鸽可以用于配对繁殖，最佳繁殖年龄为 6 月龄至 2 岁，饲养良好的种鸽可用于繁殖到 5 年。

一、蛋白质需求

蛋白质是生命活动的直接执行者，是动物机体组织和动物产品的主要成分，肉鸽在生长发育及繁殖后代过程中，均需要大量的蛋白质供应来满足细胞组织更新、修补的需要。研究表明，日粮蛋白质水平不足时，易造成乳鸽生长缓慢、死亡率增加，种鸽产蛋率降低、体重下降和卵巢萎缩等不良后果。美国国家研究委员会（NRC）至今尚未颁布肉鸽饲养的营养标准，只能通过国内外学者开展的肉鸽的营养需要的研究，确定肉鸽的蛋白质需要量。结合目前的研究成果，确定不同时期的肉鸽的蛋白质需要量见表 6-1。

表 6-1　不同阶段肉鸽的蛋白质需要量

时期	蛋白质含量	来源
0~4 周龄	>23%	亲鸽的鸽乳、饲料
4~13 周龄	>18%	谷物类饲料，大豆、蚕豆、豌豆、绿豆、花生仁、棉仁、菜籽、芝麻等
13 周龄~6 月龄	>15%	谷物类饲料，大豆、蚕豆、豌豆、绿豆、花生仁、棉仁、菜籽、芝麻等
>6 月龄	>20%	谷物类饲料，大豆、蚕豆、豌豆、绿豆、花生仁、棉仁、菜籽、芝麻等

国外通常采用一种或者两种颗粒饲料同时饲喂肉鸽，颗粒饲料的蛋白含量通常为 15% 左右，通常饲喂产蛋鸽的蛋白含量会有所提高，为 16%~17%，一些养殖者除了添加颗粒饲料，也会另外添加一些谷物，通常对产蛋鸽会饲喂 50% 的颗粒饲料（蛋白含量为 17%）和 50% 的谷物。

对于青年鸽，通常饲喂蛋白含量为 13.5%~15% 的颗粒饲料。好的颗粒饲料除了适合的蛋白和能量水平外，还需要有其他重要的营养，如 60%～70% 的碳水化合物、2%～5% 的脂肪。碳水化合物和脂肪主要提供能量和构建肉鸽自身脂肪的原料，肉鸽很难利用纤维素，因此，纤维素的含量最好低于 5%。肉鸽饲料中需要摄入的蛋白总量应该占到总体日粮的 12.5%～13%。从目前的研究情况看，在研究肉鸽蛋白质需要量时多用日粮中含有的粗蛋白质百分数来表示。虽然有的资料指出，鸽需要赖氨酸、蛋氨酸、色氨酸、精氨酸、组氨酸、亮氨酸、异亮氨酸、苯丙氨酸、苏氨酸、缬氨酸等氨基酸，有的还指出了赖氨酸、蛋氨酸、色氨酸、异亮氨酸、苯丙氨酸、缬氨酸的具体需要量，但至今尚没有见到有关肉鸽对氨基酸需要量的研究报道。肉鸽对蛋白质的需要量，因其生理阶段、生产水平、饲养方式及日粮中蛋白质品质和能量水平的不同而各异。因此，各研究结果的差异比较大，1～7 日龄和 7 日龄雏鸽人工日粮的蛋白质水平分别在 23%～24% 和 22%～25%；青年鸽日粮蛋白质含量在 12%～14%，非带仔种鸽日粮蛋白质含量多在 12%～13%，带仔种鸽日粮粗蛋白质水平多在 14%～18%。侯广田等人对 8～28 日龄雏鸽和生产肉用种鸽的蛋白质需要量进行了详细研究，结果表明 8～28 日龄雏鸽日粮中蛋白水平在 22%～25% 为宜，生产种鸽日粮中粗蛋白质在 14% 较为宜。而龚玉泉表明，在相同能量水平下，生产种鸽日粮粗蛋白质水平在 18.1% 时的饲喂效果最佳。李绍忠则指出，生产种鸽日粮的蛋白质水平达到 13%～15% 时，可基本满足自身繁殖和乳鸽生长发育的需要，但日粮的蛋白质水平低于 11%，乳鸽的生长发育就会明显受阻。编者的研究结果表明，肉种鸽日粮中粗蛋白 12.5% 即可满足种鸽繁殖及乳鸽生长发育需要；8～28 日龄乳鸽人工灌喂日粮中粗蛋白的适宜水平是 22%。

二、能量的需求

能量用于维持肉鸽的一切生命活动，呼吸、循环、消化、吸收、排泄、运动，繁殖和生产均需要能量。能量不足，就会引起生长缓慢，增重和生产性能下降。饲料中的蛋白质、碳水化合物和脂肪均可提供能量，但一般情况下，能量的主要来源是碳水化合物和脂肪，当能量供应不足时，肉鸽会分解蛋白质以供生命活动所用。饲料中营养物质所含能量的总和，即饲料中的有机物，在体外测热器中全部燃烧后所产生的热量，叫做饲料总能（GE）。饲料中的能量在消化过程中有不少损失，首先是由粪中损失，称为粪能，饲料总能减去粪能即为消化能（DE），消化能减去尿能和气体能量，叫做代谢能（ME），由于肉鸽的粪尿排出时混杂在一起，所以在肉鸽的饲料与营养中，通常以代谢能来衡量，单位是 MJ/kg。能量的来源主要是碳水化合物，其次是脂肪。各种谷实类，都含有丰富的碳水化合物，其中以玉米、大米、麦类、小米等最为丰富。能量主要包括维持需要和生产需要两部分。维持需要又包括基础代谢和非生产活动的能量需要。基础代谢能量与鸽子的体重密切相关，非生产活动需要的能量与鸽子的饲养方式和品种有关。笼养情况下，鸽子的活动量受到很大限制，因而非生产活动的能量需要比放养鸽的低；产蛋多的鸽子消耗于维持需要的能量较多，每单位重量的饲料消耗也比产蛋少的鸽子多。此外高温和低温都会增加鸽子的维持能量需要量。

碳水化合物由碳、氢、氧元素组成，是肉鸽生长的重要能量来源，饲料中的碳水化合物大部分由谷物提供，主要以多糖中的淀粉、纤维素、半纤维素形式存在，淀粉在肉鸽的消化道内，在淀粉酶、麦芽糖酶等水解酶的作用下，水解为葡萄糖而被吸收，纤维素、半纤维素不容易被肉鸽所消化，肉鸽的消化道不分泌纤维素酶，通过盲肠中的微生物消化少量的纤维素和半纤维素，从中获取能量，肉鸽饲料中纤维素含量不宜过高。但同时，粗纤维素有促进肠胃蠕动、调节排泄的作用，饲料中纤维素含量过少，会影响肉鸽的胃、肠蠕动和营养物质的消化吸收。通常的参考资料中要求肉鸽的日粮中含有 60%～70% 的碳水化合物。

结合目前的研究成果，确定不同时期的肉鸽的能量需要量见表 6-2。

表 6 - 2　各阶段肉鸽的能量需要量

时期	能量需要量（MJ/kg）	来源
0～4 周龄	11.97	亲鸽的鸽乳、饲料
4 周龄～13 周龄	11.8	能量类饲料，玉米、高粱、粟、稻谷、糙米、大麦、小麦、燕麦、荞麦等
13 周龄～6 月龄	11.97	能量类饲料，玉米、高粱、粟、稻谷、糙米、大麦、小麦、燕麦、荞麦等
>6 月龄	11.97	能量类饲料，玉米、高粱、粟、稻谷、糙米、大麦、小麦、燕麦、荞麦等

　　考虑到肉鸽的习性主要采食谷物，而谷物中碳水化合物的含量很高，碳水化合物是肉鸽能量的主要来源，但是令人惊奇的是肉种鸽在哺育幼鸽的时候，所饲喂的鸽乳中除了在亲鸽的饲料中含有碳水化合物外，其他成分中并不含碳水化合物。Ewing（1997）建议肉鸽的饲料中碳水化合物的含量应该为 60%。许多的研究表明对于雏鸽（孵化后 3～10 d）应该不添加或者少添加碳水化合物，而且 Riddle（1996）发现孵化后 89～146 d 的肉鸽在添加碳水化合物后并没有明显的变化。尽管肉鸽平时采食谷物的过程中主要能量来源是淀粉，当然蛋白和脂肪能部分满足肉鸽的能量需求，但是在育雏的初期乳鸽通常被饲喂高脂肪的鸽乳，March 等人（2008）的研究表明在亲鸽孵化和产生鸽乳的过程中血液中的游离脂肪水平会提高，这说明在这个阶段需要增加亲鸽的能量需要量。

　　Goodman 和 Griminger（1994）的研究表明采食含有脂肪日粮的赛鸽的表现明显优于饲喂不含脂肪日粮的赛鸽，在长途飞行过程中脂肪作为能量来源可以有效提高赛鸽的飞行距离，这也表明鸽子更易利用脂肪作为能量来源。Gimamettei（1976）、Levi（1974）建议肉鸽的脂肪含量应该在 2%～5% 的范围内。在 Ewing（1993）关于肉鸽饲养的指导手册中建议不要额外添加油脂。

三、氨基酸需求

(一) 必需氨基酸

必需氨基酸是指那些在肉鸽体内不能合成，或合成的数量较少，不能满足肉鸽体正常代谢的需要，必须由饲料供给的各类氨基酸。成年肉鸽的必需氨基酸有蛋氨酸、赖氨酸、异亮氨酸、色氨酸、苏氨酸、苯丙氨酸、缬氨酸和亮氨酸等 8 种氨基酸。雏肉鸽的必需氨基酸除上述 8 种氨基酸以外还有组氨酸、精氨酸、胱氨酸、酪氨酸和甘氨酸，共 13 种氨基酸。在肉鸽的饲粮配制中通常应考虑赖氨酸、蛋氨酸、胱氨酸和色氨酸的充足供应。各项氨基酸在肉鸽体内各有作用，例如赖氨酸，参与合成脑神经细胞和生殖细胞，当赖氨酸缺乏时，会出现雏肉鸽生长停滞，氮平衡失调，皮下脂肪减少，消瘦，骨钙化失常，色素沉积减少，翅膀羽毛翻卷等现象；色氨酸参与血浆蛋白质的更新，增进核黄素的作用，色氨酸缺乏，会造成受精率下降，胚胎发育不正常或早期死亡；并且添加色氨酸，可降低肉鸽的攻击性，避免啄羽，啄肛等现象；苏氨酸通常是禽类的第三限制性氨基酸，它在禽类生产中也有极其重要的作用，如促进生长、提高免疫机能，苏氨酸缺乏，可导致肉鸽采食量降低、生长受阻、饲料利用率下降、免疫机能抑制等症状；蛋氨酸参与组成血红蛋白、组织与血清，有促进脾脏、胰脏及淋巴的功能，蛋氨酸缺乏会使胆碱和维生素 B_{12} 的缺乏症加剧。

在氨基酸分类中还有限制性氨基酸一说，动物对各种氨基酸的需要量之间有一定的固定比例，有些氨基酸在一般饲料中含量较少，缺乏时往往会影响其他氨基酸的利用率，这些容易缺乏的氨基酸被称为限制性氨基酸，如蛋氨酸、赖氨酸、苏氨酸、色氨酸、异亮氨酸等。在肉鸽常用的玉米-豆粕型饲粮中第一限制性氨基酸为蛋氨酸，第二限制性氨基酸为赖氨酸，因此在配制饲粮时要特别注意这两种氨基酸。

(二) 非必需氨基酸

非必需氨基酸是动物本身可以由其他氨基酸转化而来不必完全

由饲料中供给的氨基酸，也可理解除必需氨基酸以外的均为非必需氨基酸，如丝氨酸、丙氨酸、脯氨酸、谷氨酸、牛磺酸等。这些氨基酸可利用饲料提供的含氮物在体内合成，或者由其他氨基酸转化代替这些氨基酸。

（三）氨基酸平衡

各种氨基酸在肉鸽中的营养作用犹如由二十多块木板条围成的木桶，每块木板条代表一种氨基酸，蛋白质的生产效果犹如木桶里的容水量。如果饲料缺乏某种氨基酸，即如木桶上的某块木板短缺，其他木板条再长盛水量也不能增加，生产水平只停留在最短的一条木板的水平上，这种氨基酸限制了蛋白质的利用率，也就是限制性氨基酸，这就是氨基酸平衡的木桶原理。所以在配制北京油肉鸽饲粮时，一定要注意氨基酸的种类、数量和比例，力求达到"平衡"。

四、矿物元素的需求

矿物元素是肉鸽骨骼、羽毛、血液等组织及某些生物活性物质的组成部分，参与机体的各种生命活动，调节体液的渗透压，维持体内的酸碱度，调节神经、肌肉的活动。矿物质是保持肉鸽健康和正常生长及繁殖、产蛋所必需的营养物质。矿物质按其在体内的含量可以分为常量元素（占体重 0.01% 以上，包括钙、磷、镁、钠、钾、氯、硫等）和微量元素（占体重 0.01% 以下，包括铁、锌、铜、锰、碘、钴、钼、硒、铬等）。

（一）钙和磷

钙和磷是肉鸽体内含量最多的矿物质，占体重的 1%～2%，主要存在于骨骼中，其余存在于软组织和血液、体液中。钙和磷两种元素有着密切的关系，二者必须保持适当的比例，饲粮中某种元素的含量不足或过量都会影响另一种元素的吸收和利用。

钙不仅是骨骼、蛋壳的主要成分，而且在维持神经、肌肉、心脏的正常生理机能和调节酸碱平衡、促进血液凝固等方面均起重要作用。缺钙时，肉鸽出现佝偻病和软骨病，生长停滞，种蛋的质量不高。

磷作为骨骼的组成元素，其含量仅次于钙，也是构成蛋壳和蛋黄的原料。磷在碳水化合物与脂肪的代谢、钙的吸收利用以及维持酸碱平衡中，也有重要作用。缺磷时，肉鸽食欲减退，出现异食癖，生长缓慢。严重时关节硬化，骨脆易折；产蛋肉鸽产蛋率明显下降，甚至停产。

（二）钾、钠和氯

钾、钠、氯都是体内电解质，主要作用是维持体液酸碱平衡和渗透压，参与水的代谢。

钾还参与蛋白质和糖的代谢，并具有促进神经和肌肉兴奋性的作用。钾缺乏表现为肉鸽食欲不振、精神萎靡，甚至出现迟缓性瘫痪。一般情况下，植物性饲料中钾含量丰富，可以满足肉鸽的需要。

钠和氯是肉鸽血液、体液的主要成分。它们在维持体内渗透压、酸碱平衡上起着调节作用，同时与调节心脏肌肉的活动、蛋白质的代谢也有密切关系。饲料中缺乏这两种元素，肉鸽易出现消化不良、食欲减退、产蛋肉鸽体重下降、产蛋减少、蛋重减轻等现象。二者是食盐的主要成分。氯还参与胃液中盐酸的生成，保持胃液酸性。钠在肠道中保持消化液的碱性，有助于消化。

（三）镁、硫

镁组成骨骼和蛋壳，主要存在于蛋壳中，此外镁还分布于软组织和细胞外液中，能维持骨骼的正常发育和神经系统的正常机能，参与机体的糖代谢和蛋白质代谢。镁缺乏可导致肉鸽生长发育不良，而镁过多也可扰乱钙、磷平衡，导致下痢。一般情况下，镁在饲料中含量充足，无需额外添加，一般含钙的饲料中也含有镁，肉鸽通常不缺乏。

硫主要存在于羽毛、爪、喙、体蛋白、肉鸽蛋中，是含硫氨基酸、硫胺素、生物素的主要组成成分，对蛋白质的合成和碳水化合物代谢等有重要作用。蛋白质饲料是硫的重要来源。饲粮缺乏含硫氨基酸，肉鸽表现为生长缓慢、食欲下降、体质虚弱等。

（四）锰

锰与肉鸽的骨骼发育和脂肪、蛋白质代谢密切相关。雏肉鸽缺锰时，生长发育不良，软骨生长不良，胫跗关节肥大等。产蛋期的肉鸽缺锰时，蛋壳变薄。锰在玉米、豆粕、小麦等原料中含量很低，大麦、燕麦等饲料里含量较高。

（五）铁

铁是血红蛋白、肌红蛋白、细胞色素酶和多种氧化酶的成分，作为氧的载体参与血液中氧的运输并与细胞内生物氧化过程有密切关系。动物缺铁时主要表现为缺铁性贫血。铁在饲粮中含量丰富，一般并不缺乏，肉鸽在正常饲养情况下很少发生缺铁性贫血，但为了提高肉鸽的生产性能，常在肉鸽饲料中添加一定比例的铁。

（六）铜

铜是肉鸽体内很多酶的组成成分，对血红蛋白的形成起催化作用，还参与骨骼的正常形成。缺铜会影响铁的吸收，所以缺铜和缺铁一样会出现贫血症状。当饲粮中钙、钼、铁、磷等元素含量过高，可干扰铜的吸收利用，会出现缺铜症状，表现为拉稀、佝偻症、心力衰竭等。铜在饲料中分布比较广泛，尤其是大豆饼（粕）中含量丰富。因此，一般饲粮中铜的含量能够满足肉鸽的需要，不会发生缺铜问题。铜缺乏可用硫酸铜补充，生物利用率高。

（七）锌

锌是肉鸽乃至一切生物最重要的生命元素，是肉鸽体内多种酶类、激素和胰岛素的组成成分，参与合成、激活体内 200 余种酶类，参与碳水化合物、蛋白质和脂肪的代谢。植物性蛋白饲料锌含量较低，动物性蛋白饲料锌含量较高，在以植物性蛋白饲料为主的饲料配制中，应注意补充锌。

（八）硒

硒是肉鸽必需的微量元素，硒有抗氧化作用，对某些酶能起催化作用，是体内某些酶、维生素以及某些组织成分不可缺少的元素，能促进生长肉鸽发育，延长细胞生命。饲粮中缺硒时，雏肉鸽表现生长缓慢、肌营养不良、肌胃变性；产蛋肉鸽表现为产蛋率和种蛋孵化率下降；种公肉鸽表现为精液品质下降，受精率降低。同时要注意的是，硒过量会引起硒中毒，肉鸽表现为生长受阻、羽毛脱落、神经过敏、性成熟延迟等。

（九）碘

肉鸽体内 $70\%\sim80\%$ 的碘存在于甲状腺中，碘是甲状腺素的组成成分，与机体的生长、发育、繁殖及神经系统的活性有关。缺碘会导致甲状腺素合成不足，肉鸽羽毛失去光泽，甲状腺肿大，代谢能力降低，产蛋率降低。饲料中含碘量往往不够，需适量补充碘添加剂，如碘化钾、碘化钠、碘化钙等。

（十）钴

钴主要存在于肝和脾中，是维生素 B_{12} 的组成成分，主要参与血液形成，与血红蛋白的形成关系密切。通常以维生素 B_{12} 的方式补给即可。

（十一）维生素

维生素在肉鸽体内的含量极少，既不是形成机体组织器官的原料，又不是能量物质，但其在机体内生命活动中的生理作用却很大，各种营养物质的代谢都需要维生素的参与，不可忽视。但是，有关肉鸽维生素的研究较少，直到 1994 年 Levi 才开展了部分关于肉鸽维生素需要的研究。肉鸽的饲料中需要 13 种维生素。这些维生素可分为水溶性维生素和脂溶性维生素两大类，脂溶性维生素有维生素 A、维生素 D、维生素 E 和维生素 K；水溶性维生素包括 B 族维生素和维生素 C，B 族维生素又包含硫胺素（维生素 B_1）、核黄素（维生素 B_2）、泛酸（维生素 B_3）、烟酸（维生素 PP、尼克酸）、吡哆醇（维生素 B_6）、叶酸（维生素 B_{11}）、生物素（维生素 B_4）、胆碱及钴胺素（维生素 B_{12}），任何两种维生素的缺乏都可以降低肉鸽的抗病力和生产性能。大多数维生素在肉鸽体内不能合成，个别维生素的合成量远远不能满足肉鸽体的需要，必须从饲料中获得。维生素通常以添加剂的形式补充。

1. 维生素 A 维生素 A 在体内主要存在于肝脏，能维持上皮细胞的正常功能，促进生长发育，调节体内物质代谢，保护消化道、呼吸道和生殖道黏膜的健康，增强对传染病和寄生虫病的抵抗能力。维生素 A 缺乏时，肉鸽易患干眼病、夜盲症、气管炎、肺炎、下痢、结实、痛风等；雏肉鸽生长缓慢，成肉鸽产蛋率、孵化率下降，抗病力下降，易感染球虫、蛔虫病等。动物性饲料中维生素 A 含量丰富，植物性饲料中含胡萝卜素，胡萝卜素是维生素 A 原，可以通过肉鸽的消化器官转化为维生素 A。维生素 A 除以上功能外，对于北京油肉鸽来说，还有增加黄色素的作用，必不可少。

2. 维生素 D　维生素 D 参与钙、磷的吸收、利用，能够促进动物钙、磷的吸收，调节血液中钙、磷的浓度，促进钙、磷在骨骼、蛋壳中沉积。饲粮中维生素 D 缺乏，即使饲粮中钙、磷充足且比例适当，但其吸收和利用受到限制，肉鸽也会出现一系列缺乏钙、磷的症状，生长肉鸽表现为生长受阻、羽毛生长不良，甚至发生佝偻症、神经功能紊乱；产蛋肉鸽表现为生产薄壳蛋或软壳蛋，产蛋减少，种蛋孵化率降低。维生素 D 可由存在于肉鸽皮肤中的脱氢胆固醇经过紫外线的照射合成，肉鸽常晒太阳不致引起维生素 D 缺乏，但对于封闭式饲养方式的肉鸽来说就必须补充维生素 D。

3. 维生素 E　维生素 E 又称生育酚、抗不育维生素。维生素 E 与核酸代谢及酶的氧化还原有关，是有效的抗氧化剂，与硒协同保护多种不饱和脂肪酸在饲料、消化道以及代谢中不被氧化，维持细胞膜的正常结构和机能，对消化道和其他组织中的维生素 A 有保护作用，维生素 E 还具有提高受精率、孵化率和抗应激作用。当维生素 E 缺乏时，雏肉鸽易患脑软化症、渗出性素质和肌肉营养不良（白肌病）；产蛋肉鸽产蛋率、孵化率下降；公鸽繁殖机能衰退，交配能力降低，甚至不产生精子。维生素 E 在青饲料、谷物胚芽、蛋黄和植物油中含量丰富。为保证高产蛋率和种蛋的孵化率，可适当增加维生素 E 的添加量。北京油肉鸽商品肉鸽后期如果饲料中增加脂肪含量，可适当增加维生素 E 的添加剂量。

4. 维生素 K　维生素 K 又称凝血维生素。维生素 K 能够催化合成肝脏中的凝血酶原，维持肉鸽的正常凝血机能。雏肉鸽维生素 K 缺乏，易患出血病，颈部、胸部、腿部、翅、腹部及肠道出现出血斑；母肉鸽维生素 K 营养不良，种蛋的孵化率降低，孵出的雏肉鸽存在维生素 K 缺乏素质，血液凝固不良。维生素 K 缺乏，肉鸽抗球虫能力也会降低，易发球虫病。维生素 K 有 4 种形式，维生素 K_1 在青饲料和大豆中含量丰富，维生素 K_2 可在体内合成，维生素 K_3 和维生素 K_4 为化学合成物，肉鸽饲粮中补充维生素 K，最常用的就是人工合成的水溶性维生素 K_3 添加剂。饲料中添加抗生素、磺胺药物等，可诱发维生素 K 缺乏。雏肉鸽断喙前可补充维生素 K，防止大量出血。

5. 维生素 B_1（硫胺素） 维生素 B_1（硫胺素）在肉鸽体内参与碳水化合物的代谢，维持胃肠的正常蠕动，增强肉鸽的消化机能；参与乙酰胆碱的合成，保护神经组织，维持正常的神经机能。硫胺素在糠麸、青饲料、胚芽、豆类、发酵饲料和酵母粉中含量丰富。

6. 维生素 B_2（核黄素） 维生素 B_2（核黄素）在机体内转化为黄素单核苷酸和黄素腺嘌呤二核苷酸，是各种黄素酶辅基的组成成分，参与能量代谢、蛋白质代谢及脂肪酸的合成与分解，具有提高蛋白质沉积，提高饲料利用率，促进肉鸽正常发育的作用。维生素 B_2 在大麦、小麦、麦麸、米糠、干草粉、酵母、鱼粉中含量丰富。

7. 维生素 B_3（泛酸） 维生素 B_3（泛酸）是辅酶 A 的组成成分，以乙酰辅酶 A 的形式参与体内碳水化合物、脂肪及蛋白质的代谢，能起到维持皮肤和黏膜正常功能的作用，对增强羽毛色泽和提高对疾病的抵抗力有重要作用。泛酸缺乏时，肉鸽生长受阻，羽毛粗糙，天然孔周围发生皮肤炎症，眼内有黏性分泌物流出，上下眼睑粘在一起，不能睁眼，喙角和肛门有硬痂，脚爪有炎症。维生素 B_3 在各种饲料中均有一定含量，在糠麸、酵母中含量丰富。

8. 胆碱（维生素 B_4） 胆碱是乙酰胆碱和卵磷脂的有效成分，在传递神经冲动和参与脂肪的代谢上有重要作用。肉鸽对胆碱的需求量比一般维生素多得多，胆碱可在体内合成。胆碱缺乏时，引起肉鸽脂肪代谢障碍，引发脂肪肝，雏鸽生长缓慢，肉鸽脚弯曲，产蛋肉鸽产蛋率下降。胆碱在小麦胚芽、豆饼、糠麸、鱼粉等含量丰富。

9. 维生素 B_5（烟酸、尼克酸、维生素 PP）　维生素 B_5 在体内可转化为烟酰胺，是多种酶的重要成分，在肉鸽体内参与细胞呼吸，在糖类、脂肪和蛋白质代谢中起着重要的作用，对维持皮肤和消化器官的正常功能也有重要意义。烟酸缺乏，雏鸽出现食欲下降，生长发育不良，羽毛稀少，胫跗关节肿大等现象；产蛋肉鸽出现脱毛，产蛋率下降，种蛋孵化率降低。烟酸在谷物胚芽、豆类、糠麸、酵母等内含量丰富。

10. 维生素 B_6（吡哆醇）　维生素 B_6（吡哆醇）参与机体内多种物质代谢，如氨基酸的脱羧作用、氨基转移作用、色氨酸和含硫氨基酸代谢、不饱和脂肪酸代谢等。吡哆醇缺乏时，雏鸽表现异常兴奋，甚至痉挛死亡；产蛋肉鸽产蛋率下降，种蛋孵化率降低。吡哆醇在饲料中含量丰富，肉鸽体内也可自身合成。

11. 维生素 B_7（生物素、维生素 H）　生物素是机体内许多羧化酶的辅酶，参与碳水化合物、脂肪和蛋白质的代谢，在提高动物生产性能方面有着重要的作用。生物素缺乏时，雏鸽表现生长迟缓，食欲不振，羽毛发育不良，趾爪、喙和眼周围皮肤发炎，足底粗糙、结痂；产蛋肉鸽种蛋孵化率下降。生物素在饲料中广泛存在，而且可由肠道内的细菌合成。

12. 维生素 B_{11}（叶酸）　维生素 B_{11}（叶酸）参与核酸代谢、蛋白质的合成以及正常红细胞的形成，对肌肉、羽毛生长有促进作用。叶酸缺乏时，雏鸽生长发育缓慢，羽毛发育不良，出现白羽，贫血，骨短粗；产蛋肉鸽产蛋率下降，种蛋孵化率低，喙和胃变形，腿无力。叶酸在青饲料、大豆饼（粕）、麸皮、小麦胚芽及酵母中含量较多。肉鸽肠道合成叶酸有限，长期饲喂磺胺类药物和抗生素易造成叶酸缺乏。

13. 维生素 B_{12}（钴胺素）　维生素 B_{12}（钴胺素）是一种含钴

化合物，是目前为止发现的唯一含钴的维生素。维生素 B_{12} 有多种形式，如氰钴胺素、羟钴胺素、硝钴胺素、甲钴胺素等，通常我们指的是氰钴胺素。氰钴胺素参与核酸、蛋白质的合成，提高饲粮中蛋白质的利用率，促进红细胞发育和成熟，提高造血机能。维生素 B_{12} 缺乏时，易出现巨幼红细胞性贫血，雏鸽生长缓慢，食欲降低；产蛋肉鸽种蛋孵化率降低。维生素 B_{12} 在鱼粉、肉骨粉、羽毛粉等动物性蛋白饲料中含量丰富，而植物性饲料中不含维生素 B_{12}。

14. 维生素 C（抗坏血酸） 维生素 C（抗坏血酸）参与肉鸽体内氧化还原反应，能促进肠道对铁的吸收，维持细胞间质的正常结构，具有解毒作用和抗氧化作用。补充维生素 C 对缓解肉鸽的应激，增强肉鸽体免疫力，提高产蛋率等有良好的作用。维生素 C 广泛存在于青饲料中，且肉鸽体内自身可以合成。

（十二）微量元素

肉鸽在日常的养殖过程中需要很多营养微量元素，自然界中肉鸽通常靠采食沙砾来补充自身的微量元素，这些沙砾中含有石灰石和花岗岩、贝壳、木炭、骨骼粉及盐。还有部分微量元素通过摄食种子获得，包括茴芹、龙胆属的植物种子。研究表明微量元素和肉鸽的生长密切相关，生长 18 个月的肉鸽在饲喂过程中需要各种微量元素，其中贝壳粉为 85%，蛭石为 10%，盐为 5%，肉鸽需要碘来阻止甲状腺肿大，有人认为碘的摄入和脂肪的积累有关，也有人认为碘的作用是用于鸽乳的产生。肉鸽在产蛋的过程中需要钙和磷，除此之外还需要钠、钾、镁、氯、碘、铁、锰、铜、钼、锌、硒等元素，微量元素的水平建议为（占干物质中的百分数，%）P 为 $0.64 \sim 0.84$、Na 为 $0.126 \sim 0.139$、Cl 为 $0.134 \sim 0.145$、K 为 $0.717 \sim 0.813$、Mg 为 0.191、Ca 为 2.18。

第二节　肉鸽饲料种类及营养价值

传统的养鸽方法，肉鸽的饲粮是由混合籽实、青饲料和保健砂三部分组成。混合籽实是由各种整粒的能量饲料（如玉米、高粱、粟、稻谷、糙米、大麦、小麦、燕麦、荞麦等）和整粒的蛋白质饲料（如大豆、蚕豆、豌豆、绿豆、花生仁、棉仁、菜籽、芝麻等）组成。青饲料主要是指菜叶类或草粉等富含维生素的饲料（如小白菜、菠菜、生菜、马齿苋、苜蓿草粉等）。保健砂又称盐土，是由矿物质（如沙砾、红土、木炭粉、食盐、石粉、贝壳粉、陈石灰粉、骨粉等）和促进采食、消化防病药物（如甘草、大茴香、龙胆草、鱼腥草、穿心莲等）组成。

一、混合籽实

（一）能量饲料

1. 玉米　玉米是肉鸽饲料中的主要能量饲料，通常含水量在 12%～14%，粗蛋白 8.0%～8.7%，粗脂肪 4.3%，粗纤维 1.9%，无氮浸出物 71%，粗灰分 1.4%，由于缺乏色氨酸、赖氨酸、胱氨酸和烟酸等营养成分，不能以玉米单独喂养种鸽和仔鸽，在鸽子日粮中的比例为 25%～65%，在寒冷的季节要适当提高在日粮中的配比。玉米分为黄玉米和白玉米，在养殖过程中优先选用黄玉米，黄玉米含有丰富的胡萝卜素，是维生素 A 的主要来源。

2. 高粱　高粱也是作为能量饲料之一，高粱的营养成分和玉米差不多，但是维生素 A 的含量较少，高粱的籽实中含有鞣酸，限制肉鸽对其他营养物质的吸收，高粱在肉鸽的日粮中用量比例可达 10%～40%，幼鸽喜欢高粱籽实，所以在幼鸽料中可以适当增加高粱的比例。

3. 小麦　小麦在肉鸽的饲料中主要是作为蛋白饲料，小麦营养价值高，适口性好，在鸽日粮中用量比例可占到 25%～45%。因为小麦中的淀粉含量较高，所以在饲料中不易过多，超过 45% 就会出现拉稀的现象。在实际生产中通常将高粱和小麦配合使用。

4. 大麦　大麦分为皮大麦和裸大麦两类。大麦产量高、生长期比小麦短，用其喂养的畜禽肉质优于喂玉米的畜禽肉质，皮大麦含粗纤维多而适口性差，应脱壳后喂鸽，大麦在鸽日粮中可占

$60\%\sim70\%$。

5. 稻米 在我国南方地区就有许多鸽场以稻米作为主要饲料。在鸽日粮中的用量比例也不宜超过 10%，糙米、碎米或稻谷在日粮中的用量可掌握在 $20\%\sim50\%$。

6. 粟和黍 粟和黍是我国北方的粮食作物，粟、黍含水分 10%，粗蛋白 12%，粗脂肪 4%，粗纤维 8%，无氮浸出物 63%，粗灰分 3%，消化率 76%。因为它适口性好、颗粒小，在日粮中加入 5% 可获得满意的结果。

（二）蛋白质饲料

1. 豌豆 豌豆常作为蛋白质饲料用于平衡日粮营养，是肉鸽喜食的蛋白质饲料，因为豌豆含粗蛋白量是谷类籽实的两倍，肉鸽多吃会使仔鸽拉稀，添加量不超过 20%。

2. 蚕豆 蚕豆的蛋白质含量较高，达到 24.9%，但大豆适口性不如豌豆，因为蚕豆的籽实颗粒比较大，所以在饲喂的过程中可以进行破碎，破碎的颗粒大小与豌豆或玉米相似，虽然蚕豆的外壳含有较多的单宁，但是肉鸽和其他动物不同，吸收少量的单宁酸没有问题。通常可以用破碎后的蚕豆替代豌豆。

3. 大豆 大豆含水量为 11.2%，粗蛋白 38.1%，粗脂肪 14.9%，粗纤维 4.1%，无氮浸出物 27.5%，粗灰分 4.2%。由于大豆中含有抗胰蛋白酶，会影响其他营养物质的吸收，导致种鸽的繁殖率下降，雏鸽生长不良，通常在饲料中的添加量为 $5\%\sim10\%$。

4. 火麻仁 火麻仁的含水量 8.75%，粗蛋白 21.51%，粗脂肪 30.41%，粗纤维 18.84%，无氮浸出物 15.89%，粗灰分 4.60%。通常在饲粮中添加 $1\%\sim5\%$，能促进食欲，振奋精神，增加繁殖效率。

5. 绿豆 绿豆曾经是我国养鸽的传统饲料。绿豆除了含有丰富的营养成分外，还有清热解毒的作用，适口性也很好，但绿豆价格较高，在实际生产中用得不多。

6. 向日葵籽 向日葵籽含粗纤维高、粗蛋白含量少、价格贵，一般不用作养鸽的常用饲料，但对换羽期的鸽子来说，它能加速换羽，又能增加羽毛光泽，在日粮中添加 $2\%\sim4\%$。

7. 糠麸 糠麸类是畜禽的重要能量饲料原料，是谷物的加工副产品，主要有米糠、小麦麸、大麦麸、燕麦麸、玉米皮、高粱糠麸。原料不同、加工方法不同，它的营养价值也不一样，糠麸不耐贮存，尤其是含脂高的米糠类，糠麸适用于配制颗粒饲料。

8. 小米 小米的营养价值高，含有较高的胡萝卜素，粗蛋白含量为 8.9%，粗脂肪为 2.7%，粗纤维 1.3%，在日粮中的添加量可以到 $10\%\sim20\%$。

9. 鱼粉和肉骨粉 鱼粉和肉骨粉属动物性饲料，国外有人在肉鸽日粮中添加 5% 鱼粉配制粉饵和颗粒料用于商品肉鸽的饲养，饲喂效果不错。

二、青绿饲料

该类饲料含维生素丰富，是补充鸽所需各种维生素的重要来源。苜蓿粉是维生素和蛋白质含量很高的备受推崇的青绿饲料，在配合饲料中加入少许制成颗粒料或粉饵，可以代替禽用多维，有助于鸽子的繁殖性能。

三、保健砂

1. 沙砾 多采用海沙和河沙，颗粒直径大小为 $3\sim5$ mm。沙砾的主要作用是帮助鸽子肌胃中食物的机械性消化。同时，沙砾中的微量元素有助于肉鸽的营养吸收，沙砾的用量通常在 $30\%\sim40\%$。

2. 贝壳粉 贝壳粉是将采集的贝壳粉碎成直径 $5\sim6$ mm 的小碎片。贝壳粉的主要作用是帮助消化和为肉鸽提供相应的钙和微量矿物元素。一般贝壳粉的用量为 $20\%\sim40\%$。

3. 石膏 主要成分是硫酸钙，含钙 23%，主要是补充钙质，一般用量为 5% 左右。

4. 食盐 主要使用粗粒海盐，食用盐也可以，添加食盐主要是增加肉鸽的采食量，促进新陈代谢，添加量为 $3\%\sim5\%$，加入

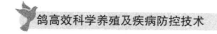

过多会导致中毒。

5. 石灰 主要用于补充钙质及少量微量元素，石灰的碱性比较强，添加量为 5% 左右。

6. 木炭 普通的木炭粉碎成小颗粒，木炭具有很强的吸附性，能够吸附肉鸽肠道中的有害物质，同时还具有止泻的作用，添加量通常为 3%～5%。

7. 中草药粉末 常用的中草药主要有以下几种：穿心莲粉，具有抗菌、清热和解毒功效；龙胆草粉，有消除炎症、抗菌防病和增进食欲的功效；甘草粉，能润肺止渴、刺激胃液分泌，帮助消化和增强机体活力；金银花，具有清热解毒功效，添加量通常不超过 1%。

8. 微量元素 含有鸽生长发育需要的各种微量元素，如铁、铜、锌、锰、钴、硒、碘等，用量一般为 0.5%～2%。

第三节　肉鸽日粮的类型

原粮、全价颗粒料和"平衡饲料＋原粮"是目前肉鸽养殖过程中主要使用的三种日粮类型。

一、原粮加保健砂的饲喂方式

（一）原粮的配制

原粮饲喂是目前肉鸽养殖的主流饲喂方式，但是不同的国家和地区在饲料的选择上略有差异，在美国主要选择玉米、豆类、小麦和高粱作为饲料的主要组成，而在中国的南方和北方地区，会根据当地的饲料资源结合经济成本，选择 3～4 种能量饲料和 1～2 种蛋白饲料。

通常选择的能量饲料为玉米、高粱、小麦和糙米等；蛋白饲料通常为豌豆和火麻仁。在中国的南方地区会选择绿豆替代豌豆作为蛋白饲料，也会选择使用稻米作为能量饲料。

美国肉鸽场的饲料配方，见表 6-3、表 6-4。

表6-3　冬季饲料配方（％）

饲料配方	甲鸽场	乙鸽场	丙鸽场
黄玉米	40	35	35
豆子	22	20	20
小麦	19	25	30
高粱	19	20	15

表6-4　夏季饲料配方（％）

饲料配方	甲鸽场	乙鸽场	丙鸽场
黄玉米	25	30	20
豆子	30	22	20
小麦	22	25	25
高粱	23	23	35

我国北方常用的配方：玉米55％、小麦15％、高粱10％、豌豆20％。

我国南方常用配方1：稻谷50％、玉米20％、小麦10％、绿豆或竹豆20％，火麻仁根据需要和货源情况酌量使用。

我国南方常用配方2：玉米45％、小麦13％、高粱10％、豌豆20％、绿豆8％、火麻仁4％。

繁殖期肉鸽的日粮配方：豌豆40％、玉米20％、高粱20％、糙米10％、火麻仁10％。

肉鸽的夏季日粮配方：豌豆30％、玉米20％、绿豆30％、荞麦10％、火麻仁10％。

肉鸽的冬季日粮配方：豌豆30％、玉米40％、糙米10％、高粱10％、火麻仁10％。

肉鸽换羽期的日粮配方：豌豆30％、玉米10％、油菜籽10％、火麻仁30％、糙米10％、向日葵10％。

饲料配方可随季节变化作适当调整，夏天玉米应降至15％～

20％，同时提高豆类、小麦的比例；冬天火麻仁可加到10％，玉米可加到50％，并相应减少豆类的比例。

在使用原粮饲料的过程中要注意，一旦饲料配方确定后，要经过一段时间试用，在使用过程中不要随便更换，避免导致肉鸽发生应激反应，确定要改变饲料配方时，也要逐步梯度替换。

（二）保健砂的配制

舍饲和笼养的鸽经常需要补充钙、钠、氯、铁等元素。在商品鸽场，通常使用保健砂，而不是采用简单的矿物质混合料。保健砂具有补充矿物质和维生素的作用，能够维持成年鸽的健康，促进仔鸽生长，防止产软壳蛋和仔鸽患软骨症。但是在使用保健砂的时候应该注意以下事项。

1. 严格选择保健砂原料　保健砂所用原料必须清洁干净，有污染、杂质和霉败变质的坚决不用，特别是一些维生素、微量元素、氨基酸等原料的质量更应严格挑选。

2. 严格按比例配制　掌握各种原料的配比数量，特别是一些有刺激性的、有毒的和有副作用的原料，如熟石灰、木炭末和药品等不可超量使用。严格按比例配制，确保使用安全。

3. 严格配制程序和方法　配料时，必须将原料按程序有步骤地进行混合，所有原料一定要搅拌均匀。对添加剂、化学药品和中药类等最好实行逐级拌料的方式，以保证其均匀性。

4. 少配勤配，保证新鲜　因为保健砂原料很多，混合在一起有时可能发生化学变化，有的在阳光下氧化分解，有的在空气中吸水变潮，这样就降低了保健砂的作用效果。因此，为保证保健砂新鲜度，应现配现用，少配勤配，最好当天配制当天用完。如果养鸽数量较少，每天配制较麻烦，也可多配，一般夏季最多1～2 d，其他季节3～5 d，并注意妥善保管，密封于干燥、通风阴凉处保存，以确保保健砂的有效性。

5. 掌握肉鸽对保健砂的采食量　鸽子对保健砂的需要量因品种、周龄、不同的生产时期和季节而不同，所以使用前应先测定鸽子对保健砂的采食量，这样才能做到心中有数，并给予合适的各种营养元素和药物，避免不足和浪费。每天应定时定量供给，一般可在上午喂料后才喂给保健砂，每次的量要适宜，育雏期亲鸽多给些，非育雏期则少给些。每周应彻底清理一次剩余的保健砂，换给新配的保健砂。

6. 科学投放保健砂　肉鸽有喜欢采食新鲜、干燥的保健砂的特性。所以保健砂的投放方法直接影响到保健砂的生理作用，同样的保健砂其投喂方法不同，其作用效果就不同，因此必须掌握科学的投喂方法，充分发挥保健砂的生理作用。一般每天投放 2 次，水槽与砂槽要远离，避免鸽子喝水后弄湿保健砂。

7. 逐渐过渡，避免应激　保健砂的配方不能一成不变，应随鸽子的状态、机体的需要及气候季节等有所变化。但更换保健砂配方时，必须有一个过渡期，一般为 10 d 左右，这样可避免发生应激反应和消化不良。

二、全价颗粒料饲喂方式

全价颗粒料指满足肉鸽所需全部营养（表 6-5），经粉碎调质制粒后的日粮。使用全价颗粒饲料喂养肉鸽，具有明显的增重效果，由于乳鸽在育雏阶段不能自行采食，完全依赖于亲鸽的哺喂，亲鸽在采食了营养全面的全价颗粒料后，再哺喂给乳鸽，使乳鸽有了可靠的营养来源，再加上全价颗粒料便于软化和易于消化，从而提高了饲料利用率，促进了乳鸽的生长。饲喂全价颗粒料，可以克服鸽子挑食、偏食习惯，使其获得的营养更全面、更平衡；还可减少饲料掉地造成的浪费现象；免去了混合饲料、配制保健砂的手续，节约了时间和人力成本；通过饲料配制，还可将饼粕、糠麸、鱼粉、骨肉粉等不能直接喂鸽的非粒状饲料加以充分的利用（表 6-6），以拓宽饲料的来源；使用全价颗粒饲料可以有效杀灭饲料中的有害微生物，确保饲料质量安全。但同时研究者也发现，鉴于鸽子喜食谷物的习性，若全价颗粒料在营养水平上设置不当，种鸽在营养物质消化吸收率及肉质方面反而不如原粮。也有研究发现，在控制种鸽饲料投喂量的前提下，用全价颗粒料完全取代原粮是可行的，但使用全价颗粒料会使肉鸽啄羽率显著上升。因此在使用全价颗粒饲料的时候应该注意以下事项：

（1）全价颗粒饲料的直径大小应为 3～4 mm，过大会给肉鸽的采食造成不便；过小会导致饲料的浪费。

（2）在开始使用肉鸽全价颗粒饲料的时候，从传统的原粮饲喂到全价颗粒饲料转化至少需要 7 d 以上的过渡阶段。过渡的时候采取梯度替代的方法，第一天用全价颗粒饲料替代 20％的原粮饲料；第二天用全价颗粒饲料替代 30％的原粮饲料，依此类推。在此过程中要注意观察肉鸽的采食情况，通常在 1～2 d 内会有部分肉鸽拒绝采食全价饲料，但是通过 3～5 d 的驯化过程，肉鸽基本全部能习惯采食全价颗粒饲料。

（3）在使用全价颗粒饲料的时候必须注意肉鸽的生产情况，尤其要注意观察雏鸽的消化机能，部分鸽场在使用全价颗粒饲料时出现雏鸽消化不良，啄羽、拉稀等问题，病残乳鸽数量增加。如果发现这种情况，一定要及时停止使用，查明原因。同时要注意在使用全价颗粒饲料的时候一定要供给保健砂，这是因为肉鸽的消化机能比较特别，需要通过粗沙砾帮助消化，增加消化机能，提高饲料的利用价值。

表 6 - 5　肉鸽营养参考标准

	代谢能 （MJ/kg）	粗蛋白 （％）	粗纤维 （％）	钙 （％）	磷 （％）	脂肪 （％）
幼鸽	11.7～12.1	14～16	3～4	1～1.5	0.65	3
繁殖种鸽	11.7～12.1	16～18	3～4	1.5～2	0.65	3
非繁殖种鸽	11.7	12～14	4～5	1	0.6	—

表 6 - 6　肉鸽颗粒饲料配方（％）

	玉米	小麦	麦麸	花粉	豆粕	花生麸	骨粉	火麻仁	贝壳粉	食盐
童鸽	62	6	6.3	5	5	10	2.5	2	0.6	0.6
育雏种鸽	73	—	—	—	6.3	15	2.5	2	0.6	0.6
非育雏种鸽	73	5	3.3	—	3	10	2.5	2	0.6	0.6

三、"平衡饲料＋原粮"饲喂方式

"平衡饲料＋原粮"指满足肉鸽营养的饲料剔除部分玉米、高粱等，剩余部分加工制粒，再与原粮直接混合的日粮。"平衡饲料＋原粮"氨基酸均衡，含有的维生素和矿物质能满足种鸽对营养的需求；原粮则满足了鸽喜食谷物的习性，在集约化养殖条件下能提高种鸽的精神状况，减少啄毛等不良癖好。因而现阶段肉鸽养殖主要以使用"平衡饲料＋原粮"为主。

第四节　饲料质量控制

饲料原料质量的优劣直接影响肉鸽的健康状况、繁殖能力、抗病力以及后代的质量和重量，一定程度上决定鸽场的经济效益。所以如何控制好饲料原料质量对肉鸽生产至关重要。在选购饲料原料时，除了考虑饲料成本之外，需要重点检查饲料的质量和品质，发霉变质、发芽、虫蛀和鼠咬过的饲料一定不能购买，因为这样的饲料不仅营养成分不足，而且会带来病原菌和霉菌毒素，造成经济损失。

一、饲料原料选购过程的质量控制

在购买饲料原料的时候要通过感官评价和理化指标评价相结合的方式对饲料的品质进行评估，感官评价重点检查饲料的掺假、充次、变质的情况，所用原料必须清洁干净，有污染、杂质和霉败变质的饲料坚决不用。理化指标检测则主要包括原料的容重、含杂量、水分、色泽、气味、粒度、结构均匀性和营养成分含量及关键卫生指标。建议在选购的过程中选择可靠且建立相对稳定合作关系的饲料原料供应商。对采购过程进行管理和控制。要有完善的原料质量验收标准，必须做到严格按原料质量标准验收原料。

二、饲料储存过程的质量控制

饲料原料自储存开始就受温度、湿度、霉菌、昆虫的侵害，且会随着存储期的增加而加重。饲料原料会因损坏和变质，导致其营养成分会流失或变质。除碳水化合物外，其他营养素都会随着存储期的加重出现不同程度的变化。在储存过程中为了防止微生物对饲料原料的污染，必须按规定的要求堆放原料，做好通风、防霉和防潮等措施。在雨季和潮湿的季节要尽量缩短饲料原料的储存时间，防止因为储存不当导致饲料发霉变质；在冬季饲料匮乏的时候，可以适当增加饲料原料的储存量和增加饲料原料的储存时间。在配料的时候要把握"先进先出"的原则，以保证原料的质量。

三、饲料配制过程的质量控制

在肉鸽饲料配制过程中，饲料配方的选择一定要注意满足肉鸽各个阶段生长所需的营养，以及疾病预防和对饲料安全性的要求。要准确使用各种饲料添加剂，确定其精确用量，精确添加微量元素用量；精确控制含有有害因子的饲料原料用量。肉鸽的饲料配方不能一成不变，应随肉鸽的状态、机体的需要及气候季节等有所变化。但更换饲料配方时，必须有一个过渡期，一般为 10 d 左右，这样可避免发生应激反应和消化不良。

四、饲料使用过程的质量安全控制

在饲喂的过程中采取少量多次的原则，按肉鸽体重的 1/10 作为肉鸽每日的饲料投喂量，并分早、中、晚 3 次投喂。在饲喂过程中要注意观察肉鸽的精神状况和排泄物的情况，如果发现肉鸽的采食量急剧下降，精神萎靡，就需要对肉鸽的饲料进行检查，确定是否出现霉菌毒素污染等情况；如果发现肉鸽出现拉稀症状，也需要进一步检测饲料的卫生指标。

第七章
肉鸽常见疾病的诊断与防治

第一节　鸽病防控的策略

鸽病按其发生原因一般可分为传染病、寄生虫病和普通病三大类。在鸽养殖生产中，采用综合性防治措施，预防各种疾病的发生，是保障养鸽生产顺利发展的重要一环。做好鸽病防控工作，必须做好以下工作。

1. 选好后备种鸽　引种的鸽场，必须做好隔离工作，自己留种必须选择父母代生产性能好和体格健壮乳鸽，一般选超过 28 日龄的乳鸽作后备种鸽。种源必须可靠，同时有条件的鸽场开展垂直传播疫病的净化工作。

2. 保障营养均衡　科学合理的营养保障是健康鸽群的必备前提，当前鸽养殖逐渐开始采用"平衡饲料＋原粮"饲喂技术，既符合肉鸽基本营养需求，也能满足其喜食谷物的习性，养殖效益也得到较大提高。按照设想必须根据不同日龄的鸽在不同的生长发育阶段对营养的需要，合理地配制饲料，目前难度很大，每个阶段的鸽都是同笼饲养，只能保证供给足够的营养。降低维生素和微量元素缺乏症的发生，特别要防止饲料霉变。

3. 适宜的环境条件　尽管鸽的抗逆性强，但仍应注意。鸽舍要清洁卫生，通风良好，保证冬暖夏凉；另外还要保持干燥和提供足够的光照。

4. 加强饲养管理　对鸽子供应新鲜清洁的饮水，坚持天天换水。对饮水的管道做好消毒工作，另外还要注意保健砂的科学配制。

5. 严格防疫制度 鸽场出入口要设置消毒池，进入生产区的人、车要经过严格的消毒；饲养员要坚守岗位，尽量不进入其他鸽舍串门。引进种鸽时，应注意隔离饲养观察（一般为45 d），通过检疫确认为健康群后才混群饲养。本场的鸽子一经调出，不能再返回本场。买卖双方的笼具不要混用。灭蚊、灭鼠、灭苍蝇，及其他昆虫。因为只有杀灭这些寄生虫或病原微生物的中间宿主或传播媒介，才能更好地防疫灭病。

6. 定出消毒制度 防止疫病的发生和蔓延，做好经常性的消毒工作，保证鸽场出入口消毒池保持有效的消毒药液，以便人员和车辆经过出入口时消毒。定期消毒，至少每星期一次。

7. 做好免疫接种 对于主要传染病——鸽新城疫，做好免疫接种工作，在使用疫苗过程中，要注意操作程序，确保疫苗安全有效。

8. 禁止饲养禽类 同属禽类很多病可互相传染，饲养管理人员不要私养家禽，病鸽要严格隔离治疗，没有经济价值则坚决淘汰。病死鸽不要乱扔，要严格无害化处理。

9. 做好鸽群的观察 出现病鸽，早诊断、早治疗，可避免疫情扩大。饲养人员必须每天注意观察。上班时要先观察一遍，看鸽有无异常，一是喂料过程中留意食料情况；二是观察状态，发现精神沉郁或兴奋、羽毛松乱、头缩颈曲、咳嗽或喘气者；三是注意是否出现食欲下降或不食，大量饮水等情况；四是检查粪便有无异常。发现问题及时汇报兽医，兽医作临床进一步检查、诊断和用药。采用实验室检查等方法进行确诊。

第二节　健康鸽与病鸽肉眼鉴别

一、状态观察

肉鸽养殖要勤于观察，及时发现病鸽，特别在季节交替变化中，肉鸽患病后，其生理指标、外观颜色、精神状态等都会发生一系列变化。根据这些变化，结合当地气候变化、饲料营养、管理情况和其他环境条件的变化，加以综合分析，就可以发现健康鸽与病鸽有"六个不一样"。

1. 精神状态不一样 正常健康的肉鸽精神亢奋，活泼好动，对外界的干扰（如声响）反应灵敏，应变迅速；病鸽精神萎靡不振，常与群分离，默默地孤立一旁或笼舍角落，对外界的干扰反应迟钝，甚至没有反应。

2. 走路形态不一样 健康鸽行走步伐平稳，双翅有力，逃避性强；病鸽体质弱，容易捉拿，逃避性差，常垂头。

3. 外观羽毛不一样 健康的鸽羽毛紧凑、柔软而富有光泽，眼睛洁净，双眼炯炯有神，尾下羽毛清洁无秽；病鸽的羽毛蓬松粗糙，无光易折，眼周常有分泌物黏附，两眼无神，肛门周围的羽毛常粘有污秽的排泄物。

4. 采食饮水情况不一样 健康鸽食欲旺盛（抢食），摄食、饮水正常。发现减食、不食、饮欲增加或不哺育幼鸽等，多为发病征兆。

5. 排出的粪便状态不一样 健康的肉鸽排出的粪便较干燥，呈条状或螺旋状，为黄褐色或灰黑色，末端有白色附着物；病鸽的粪便则与之不同，或稀而不成型，或干燥呈散状，颜色为绿色、黑色、白色或红色不一。

6. 鼻瘤口腔情况不一样 健康鸽鼻瘤干净利落、有弹性，口腔无臭、无污秽物。病鸽鼻瘤污物潮湿，色泽暗淡，肿胀，无弹性，手触有冷感，鼻孔不时流出黏性及脓性鼻液等。

根据肉眼观察到的上述"六个不一样"，可初步判断出肉鸽是否患病，进而查明病因并作出诊断，对症下药及早控制病情。

二、饮水量统计

每栋鸽舍安装一水表，并每日定时统计饮水量（或自动化统计），每日观察饮水量变化是否在合理的变动范围内，如有异常，除了天气等变化外，一般是发病前的预兆，可以根据这个来观察是否正常。

第三节　鸽场生物安全

卫生消毒工作是有效减少病原微生物数量与浓度，防止疫病发生的重要措施。目前鸽场常用的消毒方法和消毒剂如下。

一、常用的消毒方法

1. 机械性消毒　用机械的方法如清扫、洗刷、通风等清除病原体，但必须配合其他方法才能彻底消除病原体。在进行任何消毒之前，必须将鸽舍和设备彻底清理和冲洗干净，这是消毒程序中最重要的一个环节。

2. 物理消毒　紫外线有较强的杀菌能力，门卫消毒室可以安装紫外灯消毒。但紫外线穿透能力弱，只能作用于物体表面的微生物。火焰烧灼用于笼具等金属制品的消毒，效果良好，特别对球虫卵囊很有效。病死鸽可以通过焚烧、深埋来处理，彻底杀死病原微生物。

3. 化学消毒　化学消毒是指用化学消毒药物作用于病原微生物，使其蛋白质变性，失去正常功能而死亡。目前常用的化学消毒药物有含氯消毒剂、过氧化物类消毒剂、碘类消毒剂、醛类消毒剂、杂环类气体消毒剂、酚类消毒剂、醇类消毒剂、季铵盐类消毒剂等。环境中的有机物质往往能抑制或减弱化学消毒剂的杀菌能力。各种消毒剂受有机物的影响不尽相同，如在有机物（家禽粪便）存在时，含氯消毒剂的杀菌作用显著下降；单链季铵盐类、双胍类和过氧化合物类的消毒作用受有机物的影响也很明显；但环氧乙烷、戊二醛等消毒剂受有机物的影响比较小。如果有机物存在，消毒剂量则应加大。

在消毒剂的使用中，还要注意拮抗物质对化学消毒剂会产生中和与干扰作用。例如，季铵盐类消毒剂的作用会被肥皂或阴离子的洗涤剂所中和；酸碱度的变化可直接影响某些消毒剂的效果，如戊二醛在 pH 由 3 升至 8 时，杀菌作用逐步增强；而次氯酸盐溶液在

pH 由 3 升至 8 时，杀菌作用却逐渐下降；季铵盐类化合物在碱性环境中杀菌作用增强。

4. 生物消毒　生物消毒是利用动物、植物、微生物及其代谢产物杀灭或去除环境中的病原微生物。常见的方法有通过发酵、应用微生态制剂等达到消毒的目的，多用于粪便、病死鸽的无害化处理。

二、几类常用消毒剂的优缺点

1. 过氧化物类消毒剂

优点：作用强而快，为高效消毒剂，可将细菌和病毒分解为无毒的成分，在物品上无残余毒性。对细菌、病毒、芽孢、霉菌均有效。消毒效果不受温度的影响。主要用于禽舍内环境消毒。

缺点：有的过氧化物消毒剂如过氧乙酸，会有较强的刺激性，浓度高时会有一定的腐蚀性，使用时应加以注意。

2. 双链季铵盐类

优点：为高效消毒剂，结构稳定，对有机物的穿透能力强，如羽毛、黏液、粪便等。作用时间长，在一般环境中，保持有效消毒力 5～7 d，在污染环境中可保持 2～3 d。光、热、盐水、硬水、有机物的存在，消毒效果不受影响。无刺激、无残留、无毒副作用、无腐蚀性，对人畜安全可靠。带鸽消毒和环境消毒均可以。

缺点：该类消毒剂对无囊膜的病毒杀灭效果不如对有囊膜的强，即对有些病毒的杀灭效果不理想。

3. 碱类消毒剂

优点：为高效消毒剂，杀菌作用强而快，杀菌范围广，对细菌、病毒、芽孢、霉菌均有效，价格低廉。主要用于舍外环境消毒和空舍消毒。

缺点：受消毒剂的浓度影响较大，浓度越高消毒效果越好，但高浓度时有极强的腐蚀性，对铁质笼具腐蚀性强。

4. 碘消毒剂

优点：杀菌力强，杀灭迅速，具有速杀性，主要起杀菌作用的是游离碘和次碘酸。可用于带鸽消毒和舍内环境消毒。

缺点：兑水量低，有效杀灭病原微生物和病毒的浓度较高，300 mg/L 作用 5 min 才能将芽孢杀灭，杀灭病毒要 30 mg/L 的浓度；受温度、光线影响大，易挥发；在碱性环境中效力降低，消毒效果受有机物影响；高浓度时有腐蚀性、有残留，吸收过多可造成甲状腺亢进。

5. 含氯消毒剂

优点：对病毒、细菌均有良好杀灭作用；易溶于水，有利于发挥灭菌作用；对芽孢杆菌有效。舍内环境消毒，饮水消毒均可。

缺点：具有刺激性和腐蚀性；不稳定，易受温度、酸碱度、有机物的影响导致有效氯浓度的降低，从而降低消毒效力；可产生挥发性卤代烃，如氯仿、三氯甲烷等致癌物质。

6. 甲醛

优点：熏蒸消毒，其挥发性气体可渗入缝隙，并分布均匀，减少消毒死角；具有极强的杀灭作用。主要用于空舍熏蒸消毒。

缺点：刺激性强，有滞留性，不易散发，有毒性，长期吸入即可致癌；消毒力受温度、湿度、有机物影响大；熏蒸时间长，要12～24 h 才能达到消毒作用；易氧化，长期保存易沉淀降效。

三、建立鸽场严格的卫生消毒防疫制度

做好鸽场的卫生消毒工作，是有效减少病原微生物数量与浓度，防止疫病发生的重要措施。鸽场日常卫生消毒要制度化，必须严格执行。认真做好卫生防疫工作，坚持"预防为主"的防治鸽病原则，注重流行和杜绝疫情的发生。

1. 消毒池　肉鸽规模养殖场在进入场区要设置车辆消毒池和人员消毒通道。在进入生产区有第二道车辆消毒池和人员更衣消毒间。工作人员进入生产区都要消毒和更换工作服。家庭养殖肉鸽也要设置外来人员与车辆的消毒设施，比较方便的做法是准备好简易喷雾器与消毒剂，重点消毒部位为人员鞋底、车辆轮胎。

2. 空舍消毒　各阶段种鸽全部淘汰或转出后，对整个鸽舍及

其所有的设备进行彻底的清洗和消毒。空舍消毒彻底，对控制肉鸽传染病的发生有很好的作用。生产中童鸽舍、青年鸽舍、人工补喂鸽舍应经常使用。种鸽利用年限长，当发生严重传染病威胁时，也要考虑使用空舍消毒。

3. 环境消毒 是指对鸽舍内外环境的消毒，包括鸽场道路、鸽舍外墙、鸽舍地面、鸽舍内墙壁等。环境消毒通过减少病原微生物的浓度来达到防病目的。

4. 带鸽消毒 带鸽消毒就是在鸽舍内饲养肉鸽的情况下，使用对鸽只刺激性小的消毒药物合理配比后，利用一定压力将其均匀喷洒在舍内空间之中，起到消毒降尘、预防疾病的一种消毒方法。带鸽消毒不仅可以冲洗掉笼具上灰尘，抑制或杀灭病原微生物，还可以使悬浮在空气中的固形物凝集沉降，达到净化空气的目的。另外通过带鸽消毒，起到干燥时加湿、高温时降温的作用。

带鸽消毒应选择对鸽刺激小的消毒剂，如季铵盐类、过氧乙酸、新洁尔灭、次氯酸钠、百毒杀、金碘、复合酚等。日常消毒时应几种消毒剂交替使用，消毒剂的优势发生互补，同时避免病原对某一消毒剂产生耐药性。消毒液的浓度一定要合理掌握，浓度太低，达不到效果；浓度太高，不但浪费、腐蚀设备，而且还容易对鸽造成伤害。在鸽群发病时，浓度应适当加大。配制消毒液时最好用温水（40 ℃以下）配制。一般在每天中午温暖时或熄灯后进行，在高温季节时也可以在每天最炎热时进行，可以同时起到防暑降温的目的。若无通风设备，则要谨慎进行，否则会适得其反。

将消毒剂按适当浓度配好，在鸽笼的上方约 0.5 m 处喷雾，消毒液落在鸽的体表和地面，使鸽的羽毛微湿。喷雾时动作要快，不可使笼具过湿，地面也要喷洒消毒剂，把地面和墙壁以下的地方喷湿，然后尽快通风。消毒应在每次清完粪后进行。有条件的可以安装自动喷雾装置。另外，在外界温度较低时进行喷雾，舍温会降低，应及时提高舍温。

5. 饮水消毒 随着我国肉鸽养殖规模的不断扩大和养殖水平的不断提高，保健意识和预防意识深入人心，各肉鸽养殖场对消毒工作非常重视，但有不少养殖场忽视了全场消毒的一个重要环节——饮水消毒。肉鸽养殖场饮用水消毒的目的是杀灭或除去水中的致病微生物，防止肉鸽饮用后发生传染性疾病。水中的致病微生物种类有致病性的细菌、病毒和原虫，引起肉鸽发病的传染病有多种是经水传播的，养殖场生产过程中使用已被污染的水可能引起多种疾病的发生和传播。肉鸽的饮用水和人的饮用水卫生安全指标是一致的。生产中常见的饮水消毒剂多为氯制剂、碘制剂和复合季铵盐类等。

6. 设备和器械的消毒 饮水器、料槽等都应定期进行清洗消毒。先用消毒水浸泡，便于刷洗干净，刷干净后用含氯消毒剂、高锰酸钾、季铵盐类消毒剂浸泡消毒 20～30 min。

四、合理使用抗生素的准则

抗生素可以治疗多种病原菌，在防治畜禽传染病和控制感染中发挥了一定的作用，但长期滥用抗生素，会使得动物的细菌耐药菌株增多，耐药强度增加。动物源性耐药菌可以通过食源途径威胁人类健康。为避免抗生素的不当使用贻害人畜，亟待强化抗生素管理和使用的规范化。

鸽养殖业须严格遵守《兽医管理条例》《食品动物禁用的兽药及其化合物清单》和《禁止在饲料和动物饮水中使用的药物品种目录》等法律法规。在对病情进行准确判断的基础上，根据不同的防病治病情况、用药目的，选择安全性大、疗效好、毒副作用小的鸽药，不要随意用其他禽药来替代鸽药，更不要盲目追求效果而违规使用兽药原粉。在防治鸽病使用抗生素的过程中，需要遵守以下规则。

1. 有针对性地使用抗生素类药物 最好根据实验室检验确定病原微生物，在药敏实验基础上选用对病原菌高度敏感的抗生素，应尽量避免对无指征或指征不强的疾病使用抗生素。抗生素主要用于细菌感染，单纯的病毒感染、非感染所致的发热，不宜选用抗生素。

2. 制定合理的给药方案　一般开始剂量宜稍大，以后可根据病情适当减少药量。抗菌药的疗程应充足，一般传染病和感染症应连续用药 3～5 d，至症状消失后，再用 1～2 d，以求彻底治愈。在肉鸽养殖中要根据药物的不同来适时停药，使肉鸽产品中的药物残留降到最低水平。给药途径常用口服给药（饮水和拌保健砂或饲料中）。饮药前应先断水（具体时间长短视气温而定，最好控制在 2 h左右），药物用水量要以鸽在 1 h 内能饮完为好。药物拌料要注意从少量到所需总量，反复多次搅拌均匀，使每只鸽子都能摄入合适的剂量。严重感染多采用注射给药，一般感染和消化道感染以内服为宜，但严重消化道感染又引起败血症时，应选择注射法与内服并用。

3. 合理联合应用抗生素　当单一的抗生素不能有效地对严重混合感染进行控制时，应联合用药；长期单一用药产生耐药性后，联合用药可以减少耐药菌出现的机会；当使用毒性较大的药物时，联合用药可以减小药物剂量。联合用药一般两种药物联合即可。

4. 慎用抗生素　动物养殖中限制人用抗生素的使用，应选用动物专用抗生素。不能使用治疗用抗菌药物作为饲料药物添加剂，并严禁添加人用抗生素到饲料添加剂中。

5. 掌握科学合理的用药原则　在临床必须应用抗生素时，应掌握以下原则：能不用时尽量不用，能用窄谱抗生素时就不用广谱抗生素，能用低级抗生素时就不用高级抗生素，能口服时不肌注，能肌注时不静脉用药，一种抗生素即可控制时，无需采用二联或三联。

面对抗生素引起的食品安全问题，寻找抗生素饲料添加剂替代品，如中兽药、益生菌、酶制剂、寡糖、有机酸等有效提高机体抵抗力，减少抗生素的使用。

第四节　常用疫苗及免疫方法

免疫接种是预防病毒性传染病的重要措施。接种疫苗后，需要一定的时间才能产生免疫力，一般弱毒疫苗，如新城疫疫苗、鸽痘疫苗，接种后经过 4～7 d 产生免疫力。肉鸽养殖应根据肉鸽常见传染病和本场及周边地区鸽病流行情况，制定合理的免疫程序。免疫接种虽然能使鸽群对某些疾病形成一定抵抗力，但如果有毒力强的病原侵入鸽群时，难免还会造成不同程度的损失，尤其是对雏鸽。养殖人员要时时记住，良好的饲养管理和卫生消毒制度才是预防疾病的最有效的办法，千万不要以为接种了疫苗就万事大吉，放松了卫生消毒等预防措施。

一、肉鸽常见疫苗的种类

（一）弱毒疫苗

这种疫苗是用活的病毒或细菌经致弱制备而成。弱毒疫苗具有产生免疫效果好、接种方法多、用量少、使用方便的优点，还可用于紧急接种。但弱毒疫苗容易引起接种反应和呼吸道症状，有时还影响产蛋。如果疫苗的毒力减弱不够，还会造成接种鸽只在一定时间内不断向外排毒，从而感染没有接种过疫苗的鸽只。接种弱毒苗时，有的鸽群反应良好，有的则出现较多的不良反应。生产中鸽场使用的弱毒疫苗主要是鸡新城疫Ⅱ系、Ⅳ系、克隆-30，鸽痘弱毒苗等。

（二）灭活疫苗

又称死苗。一般是用强毒株病原微生物灭活后制成。其安全性能好，不散毒，受温度的影响较小，易保存。但灭活苗用量大，接种方法以皮下注射或肌内注射为主，因此费工费时；此外，灭活苗产生免疫力时间较长，价格高。生产中鸽场使用的灭活疫苗有鸽瘟油乳剂灭活疫苗、鸽瘟蜂胶灭活疫苗，也可以用鸡新城疫灭活疫苗来代替。

二、疫苗的运输与保管

（一）疫苗的运输

疫苗的安全运输是保证免疫成功的重要环节之一，在天气炎热时，弱毒疫苗应在低温条件运输，一般需要专用疫苗箱，放置冰块降低运输温度；油乳剂灭活疫苗可以在常温下运输，但要避免阳光直射和高温条件下运输。

（二）疫苗的保存

疫苗购买回场后，要有专人保管，造册登记，以免错乱。不同种类、不同血清型、不同毒株、不同有效期的疫苗应分开保存。弱毒苗要求存放在−20℃的低温环境下，而油乳剂灭活苗在2～8℃冷藏柜存放，不能冷冻，冷冻后油水分离不能使用。应经常检查冰箱温度，最好应有备用电源。冰箱如结霜或结冰太厚时，应及时除霜，使冰箱达到预定的冷藏温度。

（三）疫苗的使用剂量

疫苗的剂量不足，不能刺激机体产生有效的免疫反应，剂量过大则可能引起免疫麻痹或毒副反应，所以疫苗使用剂量应严格按产品说明书进行。有些人随意将剂量加大几倍使用，是没有必要的。大群接种时，为预防注射过程中的一些浪费，在配制时可适当增加10%～20%的用量。

（四）疫苗的稀释

稀释疫苗之前应对使用的疫苗逐瓶检查，尤其是名称、有效期、剂量、封口是否严密、是否破损和吸湿等。对需要特殊稀释液的疫苗，应用指定的稀释液。弱毒疫苗一般可用生理盐水或蒸馏水稀释。稀释液应是清凉的，这在天气炎热时尤应注意。稀释液的用量在计算和称量时均应细心和准确。稀释过程应避光、避风尘和无菌操作，尤其是注射用的疫苗应严格无菌操作。稀释过程一般应分级进行，疫苗瓶应用稀释液冲洗2～3次。稀释好的疫苗应尽快用完，尚未使用的疫苗也应放在冰箱或冰水桶中冷藏。

（五）疫苗的接种途径

免疫接种时操作上的失误，是造成免疫失败的常见原因之一。不同免疫接种途径的优缺点及注意事项如下。

1. 饮水免疫 饮水免疫避免了抓鸽环节，可减少劳力和对鸽群应激，适合散养青年鸽及产蛋期种鸽新城疫弱毒苗的免疫。注意油乳剂灭活苗均不能通过饮水免疫。饮水免疫使用的饮水应是凉开水，水中不应含有任何消毒剂。自来水要放置 2 d 以上，氯离子挥发完全后才能应用，否则会杀死活的疫苗。饮水中应加入 0.1%～0.3% 的脱脂乳或山梨糖醇可以保护疫苗的效价，提高免疫效果。为了使每一只鸽在短时间内能均匀地摄入足够量的疫苗，在供给含疫苗的饮水之前 2～4 h 应停止饮水供应（视环境温度而定）。稀释疫苗所用的水量应根据鸽的日龄及当时的室温来确定，使疫苗稀释液在 1～2 h 内全部饮完。饮水器应充足，使鸽群 2/3 以上的鸽只同时有饮水的位置。饮水器不得置于直射阳光下，如风沙较大时，饮水器应全部放在室内。夏季天气炎热时，饮水免疫最好在早上完成。

2. 滴鼻点眼　滴鼻点眼免疫用于预防呼吸道疾病的疫苗接种。应注意稀释液必须用蒸馏水、生理盐水或专用稀释液。稀释液的用量应准确，最好根据自己所用的滴管、滴瓶滴试，确定每毫升多少滴，然后再计算疫苗稀释液的实际用量。为使操作准确无误，应该一人抓鸽保定，一人免疫操作。在滴入疫苗之前，应把鸽的头颈摆成水平的位置（一侧眼鼻向上），并用一只手指按住朝向地面的一侧鼻孔。在将疫苗液滴加入眼和鼻以后，应稍停片刻，待疫苗液确已被吸入后再将鸽放开。

3. 肌内或皮下注射　适合灭活苗的免疫。肌内或皮下注射免疫接种的剂量准确、效果确实，但耗费劳力较多，应激较大，在操作中应注意：使用连续注射器注射时，应经常核对注射器刻度容量和实际容量之间的误差，以免实际注射量偏差太大。注射器及针头使用前均应蒸煮消毒。皮下注射的部位一般选在颈部背侧皮下，肌内注射部位一般选在胸肌处。针头插入的方向和深度也应适当，在颈部皮下注射时，针头方向应向后向下，与颈部纵轴基本平行。针头插入深度为 1～1.5 cm。胸部肌内注射时，针头方向应与胸骨大致平行，插入深度 1～1.5 cm。在注射过程中，应边注射边摇动疫苗瓶，力求疫苗的均匀。应先接种健康群，再接种假定健康群，最后接种有病的鸽群。

4. 翼膜刺种　翼膜刺种主要用于鸽痘疫苗的接种，一般每1 000羽份疫苗用25 mL生理盐水稀释，用接种针（或注射器）蘸取疫苗稀释液，在鸽翅膀内侧无血管的翼膜处刺种。做翼膜刺种时，一定要确定接种针已蘸取了疫苗稀释液，使每一只被接种鸽接种到足量的疫苗。

第五节　合理制定鸽场的免疫程序

肉鸽免疫程序的制定应了解当地肉鸽养殖传染病流行特点与发病规律，有无禽流感报道，综合制定合理免疫程序。目前我国肉鸽养殖免疫接种主要预防病毒性疾病如鸽瘟（鸽I型副黏病毒病）、鸽痘、禽流感等，细菌性疾病如鸽霍乱、副伤寒一般通过药物来防控。

一、免疫程序主要考虑的因素

科学合理地确定免疫接种的时间、疫苗的类型和接种方法，有计划地做好疫苗的免疫接种，减少盲目性和浪费现象。制定鸽场的免疫程序主要考虑如下因素。

1. 掌握鸽场疾病流行病学史　了解鸽场的发病史，曾发生过什么病、发病日龄、发病频率、严重程度，同时了解周围鸽场鸽病的流行情况，了解当地养禽场禽病的流行情况，依此确定疫苗的种类和接种时机。

2. 确定合适的首免时间　查明乳鸽的母源抗体水平，掌握母源抗体消长规律，从而确定首免时间。经研究，种鸽接种过鸽新城疫油乳剂灭活苗，乳鸽的母源抗体一般在15日龄时消退至4log2，建议鸽新城疫首免时间为18～25日龄。

3. 日龄对疫苗的易感性　确定接种日龄必须考虑到鸽体的易感性，有些疫苗随着日龄的增长，易感性就会降低。

4. 饲养管理水平和营养状况　一般管理水平高、营养状况良好的鸽群可获得比较好的免疫效果，反之效果不好甚至无效。

5. 应激状态下的免疫鸽 处于某些疾病感染、长途运输、炎热、移群、通风不良等应激状态时不应进行接种免疫，必须消除各种应激因素，保证鸽群在健康条件下才能进行接种，否则免疫效果不确切或不理想。

6. 对严重传染病的疫苗免疫 可考虑活苗与灭活油苗相结合使用；做疫苗用的菌（毒）株血清型选择与实际流行发病的菌（毒）株血清型相一致，必要时开展病原学研究。

二、肉鸽场参考免疫程序

一般根据当地肉鸽养殖传染病流行特点与发病规律，综合制定合理免疫程序。下面为目前普遍采用的一种肉鸽场参考免疫程序。详见表7-1。

表7-1　肉种鸽免疫程序

序号	日龄	疫苗名称	接种方法	用量	备注
1	7~20	新城疫Ⅳ系	滴鼻，每只1~2滴	5倍量，1 000羽份疫苗供200只乳鸽	流行期
2	30	鸽Ⅰ型副黏病毒灭活苗	胸部肌内或颈部皮下注射	0.5 mL	留种鸽
3	150~180	鸽Ⅰ型副黏病毒灭活苗	胸部肌内或颈部皮下注射	1 mL	留种鸽上笼前
4	30~60	禽流感油苗	胸部肌内或颈部皮下注射	0.5 mL	受威胁地区
5	>30	鸽痘或鸽痘弱毒疫苗	翼膜皮下刺种	2倍量，生理盐水或专用稀释液	每年4月份进行

第六节　鸽常见疾病

随着养鸽业规模化、集约化程度提高，饲养密度增加，饲养方式转变，亲鸽负担增加，同时存在生物安全体系防控水平不高，加之贸易、调运、流通更加频繁，鸽病有越来越多的发展趋势。目前对养鸽业危害较大的是以下这些疾病。

一、鸽新城疫

鸽新城疫俗称鸽瘟或鸽Ⅰ型副黏病毒病，是由鸽Ⅰ型副黏病毒引起的、流行于鸽群的一种急性、高度接触性传染病。该病典型特征为鸽群发病突然、呼吸困难、下痢及表现观星状等神经症状，死亡率可高达100％，已成为威胁养鸽业发展的主要传染病之一。

【流行病学】目前该病已在我国绝大多数养鸽地区流行。鸽Ⅰ型副黏病毒对不同品种、不同年龄的鸽都有易感性，一年四季均可发生，但以冬季多发，潜伏期一般为1～6 d。鸽场常呈暴发流行，传播迅速，死亡率高，尤其以乳鸽、青年鸽最易感，感染率、死亡率可高达100％。成年鸽感染后，呈慢性经过，长期携带病毒，最后因采食困难、消瘦衰竭死亡。该病主要的传染源是病鸽和带毒鸽，传播途径主要是呼吸道和消化道，直接接触病鸽或被病毒污染的空气、饲料、饮水、用具、运动场地都可引起健康鸽感染，种蛋也可传播该病。因此，鸽场一旦发生本病，便在很短的时间内感染整个鸽群，流行期长达1～2个月。

【临床症状】本病常常发生突然，乳鸽多发生于1～10日龄，病程长短不一，在感染早期主要表现精神沉郁，羽毛蓬乱，喜饮厌食，张口呼吸，不断发出"咯咯"声，双眼半闭或全闭，呈昏睡状，拉黄绿色稀粪，体温升高至43℃左右，爪子及翅下发热严重，鼻、眼有分泌物；发病中期主要表现神经症状，有些可见单侧性翅膀或腿麻痹，伴有阵发性痉挛、震颤、头颈扭曲（彩图6），转圈运动等；到发病后期病鸽卧地不起，食欲废绝，常因瘫痪无法采食饲料，逐渐衰竭而死。产蛋鸽感染本病后，死亡较少，但产蛋量下降或完全停止，蛋壳褪色，畸形蛋和软壳蛋增多，种蛋受精率和孵化率明显减低。急性感染的病鸽通常毫无征兆地死亡。

【病理变化】鸽新城疫病变与鸡新城疫的病变大致相同。急性死亡的病鸽剖检，可见肌肉干燥，皮下广泛性、瘀斑性出血，尤其是颈部，呈暗红色大片瘀血，鼻腔、口腔内充满浆液性渗出物，嗉囊充实，有未消化的饲料或恶臭液体；大多数病鸽结膜及喉气管黏膜发炎，不同程度充血、出血，并有分泌物；腺胃乳头有明显出血点或弥漫性出血、腺胃和肌胃交界处呈斑点状出血或片带状出血，肌胃角质层下出血（彩图7），有时还有溃疡灶，腺胃黏膜充血（彩图8）；心冠沟脂肪有针尖大小的出血点；肝肿大，呈黑铜色，有出血点及出血斑（彩图9）；脾肿大；胰腺有充血斑及色泽不均的大理石状纹；小肠黏膜呈卡他性炎症，肠道黏膜充血、出血，尤以十二指肠溃疡、出血严重，一般伴发有其他细菌、霉菌感染，如大肠杆菌、曲霉菌等；盲肠上覆盖黄色干酪样物，有针尖大小的溃疡灶，盲肠扁桃体充血，泄殖腔黏膜充血、出血、坏死，带有粪污；肾苍白、肿大。另外，大脑、中脑等中枢神经系统可见典型的非化脓性脑炎，出现脑充血，有少量的出血点，实质水肿。慢性死亡的病鸽，消瘦脱水，皮肤较难剥离，肌间组织有淡黄色，嗉囊无食物，消化道内容物减少。有的病鸽颈皮下和颅顶骨有出血斑点，这是鸽新城疫特有的症状。

【诊断】根据临床症状可初步诊断鸽新城疫，确诊需通过实验室诊断。实验室诊断方法分血清学、病原学和分子生物学诊断技术。病原学包括病毒分离鉴定、病原学的免疫学诊断技术等；血清学方法常用血凝（HA）试验、血凝抑制（HI）试验、酶联免疫吸附试验（ELISA）、荧光抗体技术（IFA）、琼脂扩散试验（AGP）、乳胶凝集试验（LAT）、鸡胚中和试验、蚀斑中和试验等方法。HA、HI试验因操作简单而被大多数的鸽场用于鸽新城疫的抗体监测和诊断，但二者常常会因为各种原因造成误差。此外，在进行鸽新城疫确诊时，应与鸽沙门氏菌病、流感、减蛋综合征和鸽霍乱等相区别。

【防控措施】

（1）预防　疫苗接种是预防本病最有效的手段。不少研究表明，用于鸽新城疫同源病毒制备的灭活疫苗能够提供坚强而持久的免疫效果，鸽 I 型副黏病毒灭活疫苗预防效果极好，鸡用新城疫疫苗接种鸽后能够产生新城疫抗体，在一定程度上能够控制鸽新城疫，在没有鸽新城疫专用疫苗时，采用鸡新城疫疫苗预防鸽瘟也有一定的保护效果。需要制定适合的免疫程序，并跟踪监测免疫效果。

（2）加强鸽场饲养管理　定期对鸽场环境、笼具、饲槽等进行彻底消毒，保持良好的通风和光照；做好禽流感、鸽痘等疫病的常规免疫预防工作，同时注意鸽毛滴虫病、大肠杆菌病等预防工作，降低暴发鸽新城疫的风险；尽可能实行"自繁自育"原则，自行繁育仔鸽，以免从别的鸽场带进传染病和寄生虫病等病原，造成该病的传播；如需引种，购回后应隔离一月，淘汰阳性鸽；鸽场应该鸡鸽不同养，进出口设置消毒设施，工作人员进入鸽舍要更换衣帽靴鞋并洗手，做好消毒措施，非鸽场人员不得随便进入。

（3）治疗　新城疫是危害严重的禽病，目前尚无有效药物用于鸽新城疫的治疗，鸽场一旦发生疫情时，应尽快隔离，及时处理病死鸽，对健康鸽进行紧急免疫接种；并应及时报告当地兽医部门，经确诊后由当地政府部门划定疫区，进行扑杀、封锁、隔离和消毒等措施。

二、鸽痘

鸽痘是鸽的一种急性、高度接触性、热性传染病，由鸽痘病毒引起。临床上可分为皮肤型和白喉型两种，前者体表无羽毛部位出现典型散在的、结节状的痘疹，死亡率较低；后者多为上呼吸道、口腔和食管部黏膜形成纤维素性坏死和干酪样的沉积物，死亡率较高，有时两者可混合感染。该病对不同品种、性别和年龄的鸽均易感，但幼鸽感染发病较为严重。本病在世界各地流行，感染率较高，死亡率为5%～70%，对鸽生长及产蛋性能影响严重，造成极大的经济损失，但不感染人及哺乳动物，公共卫生学意义不大。

【流行病学】本病可发生于不同品种、性别和年龄的鸽，潜伏期为4～14 d，发病经过期为3～4周，1岁龄以内的幼鸽最易感，青年鸽及老年鸽呈良性经过，对其他禽类如鸡、鸭或鹅仅引起温和的反应，很少出现明显症状。鸽痘易通过饲料、饮水、灰尘及鸽互相接触而传染，病鸽排出的含毒唾液、鼻道黏液及泪液也是感染源。库蚊、疟蚊和按蚊等吸血昆虫以及外来野鸽是主要传染媒介；在免疫接种时，工作人员的手和衣服也可能携带病毒，通过其他未知物将病毒传入鸽的体内。

鸽痘一年四季均可发生，流行季节多为春末、夏季、秋初及冬季，梅雨季节及蚊虫猖獗时最易暴发流行，通常夏秋季易感染皮肤型鸽痘，冬季则以白喉型多发，我国南方春末夏初由于气候潮湿，蚊虫较多，鸽痘发生更为严重。此外，鸽群过分拥挤、通风不良、鸽舍阴暗潮湿、体外寄生虫、营养不良、缺乏维生素及饲养管理太差等，均可促使本病发生和病情加剧；如有葡萄球菌病、沙门氏菌病、传染性鼻炎、慢性呼吸道病、副伤寒等并发感染，可造成大批死亡。

【临床症状】该病有皮肤型、白喉型及混合型之分。

（1）皮肤型　典型特征是在身体无毛或毛稀少的部分如眼睑、嘴角、肛门、腿脚上出现一种特殊的痘斑，鸡皮肤感染后第4天可见有少量原发性病变，到第5天或第6天形成丘疹；接着是水疱期，并形成广泛的厚痂，邻近的病变可能融合，变得粗糙，呈灰色或暗褐色。大约两周或更短的时间内，病灶基部发炎并出血。之后，形成痂块，2～4周自然脱落后，可见到组织脱落后的疤痕，轻微病例则无可见的疤痕。若在早期除去痂皮，则可见到湿润、浆液脓性渗出物，底层为出血性肉芽表面。本类型鸽痘病症一般比较轻微，没有全身性的症状，若不继发细菌感染，预后良好。

（2）白喉性　此型鸽痘以口腔、食管或气管黏膜见到溃疡或白喉样黄色病灶为特征。病初为鼻炎症状，2～3 d后先在黏膜上生成一种黄白色的小结节，稍突出于黏膜表面，小结节会迅速增大融合成黄色、干酪样坏死的假膜，恶臭而不易脱落。若剥落假膜，可见出血糜烂或溃疡。这层假膜是由坏死的黏膜组织和炎性渗出物质凝固而形成，很像人的"白喉"，故称白喉型鸽痘病。此型常引起进食、呼吸困难，病鸽往往张口呼吸，发出"嘎嘎"的声音，进而衰弱、窒息而死亡。有的病鸽炎症还可延伸至窦腔，尤其引起眶下窦的肿胀，也可危及咽喉部（引起呼吸困难）和食管，眼睑受到感染时会发生肿胀，分泌物增多导致结膜炎，甚至上下眼睑粘连，眼睛肿大外凸引起失明。

（3）混合型　本型是指皮肤和口腔黏膜同时发生病变，病情严重，死亡率高。一般预后不良。

【病理变化】

（1）皮肤型　特征性病变是局灶性表皮和其下层的毛囊上皮增生，形成结节。结节起初表现湿润，后变为干燥，外观呈圆形或不规则形，皮肤变得粗糙，呈灰色或暗棕色。结节干燥前切开，切面出血、湿润，结节结痂后易脱落，出现疤痕。其他内脏器官无明显的肉眼可见病变。

（2）黏膜型　病变出现在口腔、鼻、咽、喉、眼或气管黏膜上。口腔、咽部的黏膜上有白色假膜形成，在咽喉部可见到灰白色的结节，病程长的可见融合性白色、淡黄色的假膜，剥落后可见到出血性溃疡面，严重病鸽气管和食管在咽喉部被黏膜和结节形成的沉积物堵塞，输卵管、泄殖腔及肛门周围皮肤出现增生性病灶。病程短的其他内脏器官无明显的肉眼可见病变，病程长的剖检时有呼吸道病变。

【诊断】主要根据患鸽皮肤及黏膜上的特征性病变作出临床诊断。但须注意与其他相似症状的鸽病如鸽疱疹病毒病、恙螨病、毛滴虫病、念珠菌病等相区别。进一步确诊需取痘痂，通过接种无特定病原体鸡胚进行病原分离，而后通过病理组织学方法、免疫扩散试验、ELISA 或 RT - PCR 等方法进行实验室检测。

【防控措施】

（1）免疫接种　接种鸽痘疫苗是预防该病发生的最佳方法，常用的鸽痘弱毒疫苗若使用不当，可引起鸽严重的不良反应。免疫时间多为春末流行季节前，一般在乳鸽 3～5 日龄时采用刺翼接种。适用于各年龄段的鸽，但常用于 4 周龄和开产前 1 个月的幼鸽。

（2）加强饲养管理　鸽痘常发生在拥挤、阴暗、潮湿的环境。

定期对鸽场周围环境进行消毒，因此要除杂草杂物和舍内外积水，定期清洗饮水器、饲料槽和更换孵化窝内的垫布等；消毒剂要采用酸性和碱性消毒剂轮换使用；定期驱除鸽内外寄生虫，提供营养全面的饲料和保健砂，增强鸽体自身的抵抗力；无害化处理病死鸽及其羽毛、皮屑等；患病的鸽场在彻底消毒后数个月才能再投入使用；在季节交替时期，为鸽群驱蚊灭虫，门窗用窗纱钉上杜绝外来野鸽的侵入；禁止闲杂人员来往，长期保持鸽舍安静、清洁、卫生、干爽的环境，给鸽群营造一个良好的生长环境降低鸽痘发生的概率。

（3）治疗　目前还无特异性方法治疗鸽痘，但可尝试下列给药方式来缓解病情。

① 及时隔离病鸽，服用病毒灵（盐酸吗啉胍片），每天每只喂1片，连喂5～7 d，促使痘干燥、萎缩和脱落。

② 用镊子剥除痘痂，再用2%的硼酸水或0.1%高锰酸钾洗涤后，涂上碘甘油或紫药水，未干枯的痘可用烧红的小烙铁烧烙或硝酸银棒腐蚀。

③ 为控制细菌继发感染，患鸽每只每次注射青霉素1万～2万 IU，每天2次，连用3～4 d；或用0.04%金霉素拌料喂服，放入饮水的浓度要减半，连用5～7 d。

本病一旦耐过就会痊愈，并获得持久免疫力。

三、鸽疱疹病毒病

鸽疱疹病毒Ⅰ型（PHV1）属于疱疹病毒科、β疱疹病毒亚科的一个成员。鸽是PHV1潜伏感染的自然宿主。1945 年 Smadel 等首次在与 PHV1 感染相关的病鸽肝脏中观察到核内包涵体。自1967 年以来，许多国家从患病鸽中分离到该病毒，已经呈世界性分布趋势。

【流行病学】该病可通过直接接触病鸽而传染，病毒通常局限于上呼吸道和消化道。目前认为 PHV1 感染不经种蛋垂直传播。感染鸽群中的成年鸽是无症状的病毒携带者，部分鸽可不定期排毒。在繁殖季节和育雏期间，绝大多数隐性感染的成年鸽可经咽喉部再次排毒，直接传染给幼鸽，大多幼鸽于感染后成为无症状的病毒携带者。幼鸽接毒后24 h开始排毒，且高水平排毒至少持续7～10 d。感染后1～3 d出现典型病变，此时排毒达到高峰。发生过本病的鸽群可能复发该病，但不表现临床症状，带有高滴度特异性抗体的鸽不能预防本病的复发；相反，缺乏特异性抗体的鸽群并不总是复发该病。临床病例主要发生于无保护性母源抗体的幼鸽的原发感染。此外，病毒携带者若有促发因素诱导时，也可出现临床发病。PHV1可通过组织接触或血液而传播，尤其是出现免疫抑制的鸽群。目前国内这种鸽群较多，因此PHV感染是当今危害养鸽业的一种主要的病毒性疫病，且发病率高。

【临床症状】急性型病鸽常打喷嚏、结膜炎、鼻腔内充满黏液，肉髯由正常的白色变为灰黄色，口腔、咽、喉黏膜充血，严重的病鸽还可见坏死灶和小溃疡，咽部黏膜可能覆盖假膜。慢性病例若并发毛滴虫或支原体（如鸽支原体、鸽口支原体）或细菌（如多杀性巴氏杆菌、溶血性巴氏杆菌、大肠杆菌、溶血葡萄球菌和溶血链球菌）可引起鼻窦炎及明显的呼吸困难。全身性感染（病毒血症）时，肝脏可出现坏死灶；伴发细菌感染的病鸽气管内充满干酪样物质，有些病鸽表现气囊炎和心包炎（即鸽慢性呼吸道病）。无母源抗体保护的幼鸽可能会发生带有肝炎的全身感染。

【病理变化】剖检病鸽和死鸽可见鼻腔、副鼻窦、气管、支气管内有黄色分泌物。在咽部多层鳞状上皮和唾液腺中可见大量的坏死灶，其中含有不同程度变性和坏死细胞，在邻近的上皮细胞中存在核内包涵体。大的坏死灶可能扩展成溃疡，在喉和气管上皮可见小的坏死灶。全身性感染的病鸽表现肝炎，整个肝脏的许多肝细胞中形成核内包涵体，胰脏和脑中也有病变。

【诊断】依据观察到的典型肉眼病变和临床症状进行诊断。急性PHV1感染应与鸽Ⅰ型副黏病毒的感染相区别；PHV1并发慢性细菌性或寄生虫性感染病例必须与急性白喉痘病毒感染进行鉴别诊断，PHV1感染病例的假膜不如痘病毒感染形成的假膜贴得紧，当假膜撕去后不留下大的溃疡面。实验室诊断主要是分离病毒、病毒中和试验、间接免疫荧光技术和系统性 PCR 技术。用鸡胚成纤维细胞培养从感染鸽的咽部采样棉拭中较容易分离出 PHV1，对于分离的病毒应用血清学方法鉴定。

【防控措施】鸽疱疹病毒的预防和控制都很重要，目前尚无特效药物，磷酸甲酸三钠和环鸟苷也不能预防该病。加强饲养管理，通过减少鸽子间的接触来阻止病毒的传播。Vindevogel 等比较了 PHV1 油佐剂灭活疫苗和弱毒疫苗，对临床症状、带毒情况及排毒的预防作用进行比较，结果发现两种疫苗均可减少早期排毒，缓解临床症状，有助于防止排毒，控制病毒的扩散，但不能防止病毒携带者的出现。原发性 PHV1 感染经常并发感染其他病原体，如鸽毛滴虫、沙门氏菌、多杀性巴氏杆菌、大肠杆菌等。因此治疗时必须考虑并发感染因素，采用综合防治措施。

四、鸽腺病毒病

腺病毒属于腺病毒科，分为禽腺病毒和哺乳动物腺病毒。从鸽中分离到 2、4、5、6、8、10 和 12 血清型 I 群禽腺病毒（Fadv）。鸽除感染 I 群禽腺病毒外，可感染特定的鸽腺病毒（Piadv），用免疫荧光试验证实了 Piadv 与 I 群腺病毒的反应性。鸽腺病毒感染分为两种临床类型：即临床类 I 型（又称为"经典腺病毒病"）和临床类 II 型（又称为"坏死性肝炎"）。感染鸽腺病毒的病死鸽往往表现嗉囊炎和上吐下泻等症状。

【流行病学】禽腺病毒感染在家禽中广泛存在，可从鸡、火鸡、野鸡、鸽、鹅、鹌鹑等禽类分离到。腺病毒感染分为 I 型（经典型腺病毒）和 II 型腺病毒（坏死肝炎）。I 型腺病毒病主要发生于 1 岁以下的鸽，多数情况下为 3~5 月龄的鸽。其感染似乎与应激有关。病毒在肝脏和肠上皮细胞核复制。感染后，在不足 1 岁的鸽群，2 天内发病率 100%，无并发感染的病例在 1 周内恢复，但继发细菌感染可使鸽病情加重或病程延长。II 型腺病毒病感染任何年龄的鸽（10 日龄~6 岁）。一般情况下，感染鸽常在 24~48 h 死亡，因此很少见到临床症状。在典型暴发病例时，新病例会散在发生，为期6～8周，死亡率为30％～70％，但也可达100％。在Ⅱ型腺病毒病感染鸽舍中，常见报道一些鸽急性死亡，而另一些鸽临床无症状，更有父母鸽死亡但雏鸽（能够采食的日龄）生长正常。

本病发作有一定的季节性，多发生在3月和7月。由于腺病毒抵抗力强，在环境中可长期存在，存在于粪便、气管、鼻腔黏膜和肾脏中，粪便中病毒的滴度最高，易水平传播。

【临床症状】不足1岁的鸽易发生"经典型腺病毒"感染，鸽感染这种疾病的情形相当严重，病鸽呕吐、水样下痢和体重减轻，感染传播迅速，数日之内，鸽舍内所有鸽都会受到感染，发病率通常100％。病鸽通常会继发大肠杆菌病，出现腐败性下痢、消瘦、健康状况恶化。这类并发性病型有时称之为"腺病毒/肠杆菌综合征"。在没有并发感染的病例，感染鸽将在2周左右康复，但运动性能低下要持续数周至数月。

各种日龄的鸽全年均可发生坏死肝炎，有时感染后24～48 h内突然死亡，但症状一般很不明显。有报道偶尔可见大呕吐、黄色水样排泄物。

【病理变化】Ⅰ型腺病毒感染的病鸽，除造成肠道病理损害外，有些鸽很快死于大肠杆菌急性败血症。尸体剖检时，可见严重的急性出血性、纤维素性十二指肠-空肠炎（这取决于细菌性继发感染）为特征的肉眼病变，还有某种程度的肝炎症状。组织病理学检查显示，小肠绒毛上皮细胞内观察到包涵体的存在，绒毛呈一定程度的萎缩，有时在肝细胞内也能发现核内包涵体。

在病理剖检时，Ⅱ型腺病毒病最常见的眼观病变为肝色泽变淡、发黄、肿大。组织病理学检查始终可见大范围肝细胞坏死，肝细胞内有嗜酸性或嗜碱性包涵体。由于组织病理学病变特点，有时容易混淆成"包涵体肝炎"。

【诊断】依据观察到的典型肉眼病变和临床症状进行诊断。如果整个鸽舍年龄在1岁以下的鸽有表现为下痢、呕吐的急性发病史，而且很典型地在3～7月龄发病，应怀疑Ⅰ型腺病毒病，已有报道雏鸽的第一次飞行与Ⅰ型腺病毒病的发生存在明显的联系。腺病毒病的鉴别诊断必须与禽副黏病毒Ⅰ型感染、沙门氏菌病、毛滴虫病、六鞭毛虫病相区别。虽然建立了特异性PCR试验，最常用的方法依然是根据肠道或肝组织切片中核内包涵体的存在进行确诊。

如果任意年龄的鸽群除呕吐和下痢外，有无明显临床症状的突然死亡病史，应怀疑Ⅱ型腺病毒病。鉴别诊断应包括沙门氏菌病、解没食子酸链球菌感染和毒素型中毒。另外，虽然可采用特异性PCR反应进行诊断，但确诊依然要根据组织病理学检查结果，须证实存在广泛的肝细胞坏死，在肝细胞内存在核内包涵体。

【防控措施】对于鸽Ⅰ型或Ⅱ型腺病毒病均无特异性预防或治疗措施，有人试验性地尝试使用禽减蛋综合征76疫苗（EDS-76），但未获得成功，因为EDS-76病毒属于Ⅲ群禽腺病毒。目前没有好的防治措施，由于免疫抑制病能增强腺病毒的致病性，因此，加强饲养管理，控制免疫抑制和减少应激等方式，可有效控制病毒水平传播。

五、鸽圆环病毒病

鸽圆环病毒病主要是由圆环病毒引起的影响青年鸽的一类传染性疾病，圆环病毒隶属于圆环病毒科。圆环病毒是已知病毒中最小的一种无囊膜、单股负链环状DNA病毒。与鸽圆环病毒同属的还有鸡贫血病毒、猪圆环病毒和鹦鹉喙羽病毒。鸽圆环病毒主要感染者是鸽，引起鸽倦怠、消瘦、呼吸紊乱和腹泻等症状。

【流行病学】鸽圆环病毒于1993年美国首次报道以来，在许多欧洲国家及北美、澳大利亚和南非已有报道，很可能已呈世界性分布，并在欧洲赛鸽中广泛流行。鸽圆环病毒通常感染1岁以下的幼年鸽，以2月龄至周岁幼鸽为主，刚出壳的初雏和仔雏由于母源抗体的保护不会产生本病。它主要通过鸽与鸽之间的相互接触传播，通过羽毛屑、粪便污染物和带有嗉囊回流物的饲料排出和传播，也可由经易感、带毒动物，鸟雀，被污染的鸽具、笼舍和人员相互接触感染，也有证据表明鸽圆环病毒经蛋传播。病毒对常用消毒剂和高温具有非常强的抵抗力。本病潜伏期一般为 8～14 d。

【临床症状】鸽圆环病毒病暴发时，多数情况下表现为高发病率和低死亡率，死亡率在 1%～100%。死亡率取决于感染鸽的年龄及有无混合感染。感染的临床症状表现多样，大多数报道的临床症状为生长障碍和腹泻。病鸽典型症状为精神委顿、缩颈、食欲减退、衰弱、消瘦而体重减轻、腹泻乃至呼吸困难等。不典型发病，会出现翅膀、尾、羽毛进行性营养不良、大量脱落和喙变形的临床症状。

【病理变化】鸽圆环病毒主要损害鸽法氏囊，可致患鸽法氏囊出现坏死、萎缩。有的损伤胸腺，病变呈深褐色。肝、肾肿大、变黄、质脆，胃肠道和肌肉由于贫血而苍白，并伴有点状出血。其他病理学变化包括坏死性喉气管炎、慢性支气管炎、坏死性肠炎、纤维素性肺泡炎、肝炎等。

组织切片后于显微镜下观察，可见初级和次级淋巴组织增生和坏死，有时可见脾脏淋巴滤泡增生，散在淋巴细胞不同程度的坏死。法氏囊细胞中可见胞浆和胞核包涵体，肠、支气管等相关淋巴组织及羽毛和羽毛囊上皮细胞中也可见到包涵体。病鸽骨髓、肝、胰、肾、肾上腺、甲状腺、睾丸、嗉囊肌层中有淋巴细胞浸润。病毒感染不影响鸽血液中的红细胞数量、血红蛋白及总蛋白的含量，但白细胞数量变化较大。

【诊断】本病诊断要以组织病理变化和电子显微镜观察变化为依据。诊断本病已建立的方法有显微镜检法、DNA 探针原位杂交法（ISH）、聚合酶链式反应法（PCR）、斑点杂交法（DHB）等。根据特征性临床症状和检查羽毛上皮细胞内的嗜碱性包涵体，在初级和次级淋巴组织或法氏囊滤泡上皮中，检出特征性葡萄串状包涵体，血凝抑制试验阳性有助于本病的诊断确诊。应用电子显微镜观察到特征性的病毒粒子，或应用免疫组化检测到病毒抗原，或通过 PCR、原位杂交检测到特异性的病毒核酸均可作出病原的分离鉴定。

【防控措施】

（1）加强饲养管理　喂给鸽高能高蛋白饲料，确保其能量和营养需要；给鸽提供清洁饮水，保持鸽舍卫生。制订科学的鸽舍管理制度，严禁陌生人进入鸽舍。定时、定人、定量投料，避免鸽发生应激。

（2）免疫接种　由于鸽圆环病毒目前还不能进行病毒分离，因此无鸽圆环病毒疫苗。强化基础免疫，免疫程序做好新城疫、鸡痘等疫病的接种工作。加强疫病监测，定期进行新城疫、禽流感等免疫抗体的监测工作，确保抗体效价达标，不达标的要及时补免。淘汰僵雏、弱幼鸽、亚健康鸽。

（3）药物防治　利巴韦林滴鼻，黄芪多糖、左旋咪唑、维生素C拌料，鱼腥草注射液、林可霉素等肌内注射。

六、鸽沙门氏菌病

鸽沙门氏菌病又称副伤寒、翅麻痹、腿麻痹、眩晕病，是鸽群发生频率最高的一种细菌性传染病。病原主要是由缺少菌体抗原5的鼠伤寒沙门氏菌哥本哈根变种引起，常感染10月龄以内的鸽，感染率高达50%，主要通过种蛋垂直传播，也可以通过消化道、呼吸道、眼结膜及损伤的皮肤传播感染。发病鸽主要特征是肠炎、下痢、关节炎、运动神经功能障碍或急性败血症。

【流行病学】鸽沙门氏菌病病原在自然界中广泛分布，通过垂直和水平传播，患病鸽和病愈鸽是主要传染源。易感鸽通过口腔、泄殖腔、气管内、鼻腔、眼睛和气囊途径感染，其中蛋及消化道传染是主要途径。蛋的传染包括由带菌鸽所产的带菌蛋和本菌污染蛋壳后侵入蛋内而引起。消化道感染主要是摄入受病原菌污染的饲料和饮水所致，也可通过接吻以及亲鸽哺喂鸽乳而发生。该病一年四季均发生，无明显季节性。在自然条件下，雏鸽对副伤寒沙门氏菌高度易感，发病率和死亡率较高。该病潜伏期为12～18 h，一般在感染后3～7 d达到死亡高峰，随日龄增大易感性下降。成年鸽副伤寒沙门氏菌感染的发病率或死亡率不一致。雏鸽口服感染鼠伤寒沙门氏菌时，细菌在盲肠中定殖通常可持续 7 周。一般可导致粪便持续性排菌。胃肠道以外途径感染可导致沙门氏菌扩散到肝和脾脏等多种内脏组织。有时发生严重的全身菌血症，引起高死亡率。该菌为条件性致病菌，当鸽子的抵抗力降低、环境中应激因素增强或增多就会引发本病。

【临床症状】临床症状主要分为肠型、关节型、内脏型和神经型。肠型主要在幼禽，表现为极度消瘦，翅膀下垂，排水样或黄绿色、褐绿色带泡沫的粪便，稀、黄中夹杂有黏液。关节型常表现为独腿站立、关节炎、关节肿胀、疼痛、跛行。内脏型一般无特殊症状，严重时可见病鸽精神沉郁、极度消瘦、病情迅速恶化、机体衰弱以致死亡。神经型不多见，病鸽因脑脊髓受损害而表现为共济失调、颈歪扭、头低下、后仰、侧扭、转圈运动等神经症状。成年鸽在自然条件下很少见急性暴发的现象，但有时急性疾病常表现为食欲不振，饮水增加，脱水等症状。

【病理变化】感染沙门氏菌的鸽子会消瘦与贫血，心脏、肺脏、肝脏和肠等主要的内脏器官有结节出现，大小从大头针状到粟粒状，腹部肿胀发黑，肝肿大，出血灶呈现条纹状，坏死灶呈现点状，肝部分表面覆盖纤维素膜（彩图 10）。肾肿大出血（彩图 11），心包炎及心包粘连，出血性肠炎。沙门氏菌侵入肉鸽的神经系统的脑与脊髓，引起炎症，一旦神经传导通路受到压迫，就会表现出共济失调、后仰等神经症状。鼻腔、眶下窦点状出血，喉头和气管充血，气管内覆盖一层黏液，肺脏呈现肿大，同样有针尖样的出血点。

【诊断】通过流行病学、临床症状和剖检病变可作出初步诊断，确诊必须进行实验室检测。需注意与鸽新城疫、鸽腺病毒病和鸽大肠杆菌病进行区别。常规检测方法有细菌分离鉴定法。目前建立了许多快速检测技术，检测时间可缩短 1 d 或更短，主要有 PCR 检测技术、快速酶触反应及代谢产物的检测、荧光抗体检测技术、抗血清凝集技术等。

【防控措施】鸽副伤寒疾病既可水平传播，又可以垂直传播，因此，不仅需在饲养管理等方面做工作，还需要监测种鸽，淘汰阳性鸽，通过净化培育鸽副伤寒阴性种鸽群，根除该病。本病对传统的抗生素较敏感，一旦发病，用庆大霉素、卡那霉素联合注射有较为理想的效果，恩诺沙星等大多数抗生素对本病亦有良好的治疗效果。但抗生素药物的大量使用，使耐药性及多重耐药性加强，对鸽沙门氏菌病的预防和治疗带来很大的挑战。因此，鸽沙门氏菌病的防控需要养殖户、实验室检测人员、动物疫病监测人员等一系列主体共同努力，才能将沙门氏菌病对肉鸽业造成的损失降到最低。

七、鸽大肠杆菌病

鸽大肠杆菌病是由大肠埃希氏菌（简称大肠杆菌）的某些血清型菌株所引起鸽的一类细菌性传染病的总称，包括大肠杆菌性败血症、肉芽肿、肿头综合征、心包炎、气囊炎、肝周炎、腹膜炎、输卵管炎、脐炎等一系列疾病，在公共卫生学上具有极其重要的意义。本病常与其他疾病混合发生，环境卫生及饲养管理不良及各种应激因素，都可加速本病的发生，给养鸽业的发展带来严重的经济损失。

【流行病学】本病流行范围广，各种品种、不同年龄期的鸽均可感染大肠杆菌病，1月龄前后的乳鸽发病较多，发病率和病死率较高，肉鸽较蛋鸽更为敏感。蛋鸽发病后，产蛋量下降，孵化率降低，严重者发生死亡。本病的发病率和死亡率与菌株的血清型和毒力、养殖场管理水平、饲养环境和营养状况有关。常与慢性呼吸道病、新城疫、疱疹病毒病、沙门氏菌病等混合感染。

病鸽及带菌鸽是主要传染源，通过呼吸道和消化道传播，也可经蛋垂直感染，致死率极高。大肠杆菌大量存在于鸽肠道和粪便内，致病菌通过污染的蛋壳、分泌物、排泄物以及饲料、饮水、食具、垫料及粉尘而传播。鼠是本菌的携带者。

本病一年四季均可发生，但以冬末春初和气温多变的季节多发。其流行大多呈地方性流行或散发。当鸽舍管理水平、饲养环境较差，饲养密度过大，养殖环境通风换气不良、潮湿、卫生较差、环境污染严重时，较容易引起本病的发生。

【临床症状】鸽大肠杆菌病临床症状与鸡大肠杆菌病症状相似。疾病表现与其感染时的日龄、感染持续时间、受侵害的组织器官以及是否并发其他疾病有关。临床上有以下多种类型：急性败血型、内脏型、卵黄性腹膜炎型、肠炎型等，共同症状表现为精神沉郁、食欲下降、羽毛粗乱、消瘦。其中危害最大的是急性败血型，死亡率高，发病时可检测出典型的大肠杆菌蜂窝织炎，骨骼损伤是急性败血症最明显的后遗症，从而导致鸽跛行和生长缓慢，因长期跛行其腹部周围和羽毛上会有结块现象。近几年神经型、眼炎型及生殖型鸽大肠杆菌病在国内时有发生，而其他类型则较少发生。侵害呼吸道后会出现呼吸困难，黏膜发绀；侵害消化道后会出现腹泻，排绿色或黄绿色稀便；侵害关节后，表现为跗关节或趾关节肿大，在关节的附近有大小不一的水疱和脓疱，病鸽跛行，生长缓慢；侵害眼时，眼前房积脓，有黄白色的渗出物；侵害大脑时，出现神经症状，表现为头颈震颤，弓角反张，呈阵发性发作。

【病理变化】因大肠杆菌侵害的部位不同，病理变化也不同。

（1）急性败血症型　大肠杆菌存在于血液中，表现为突然死亡，皮肤、肌肉瘀血，血液凝固不良，呈紫黑色；肝脏肿大（彩图10），呈紫红色或铜绿色；表面散在白色的小坏死灶；肠黏膜弥漫性充血、出血，整个肠管呈紫色；心脏体积增大，心肌变薄，心包腔充满大量淡黄色液体；肾脏肿大（彩图11），呈紫红色；肺脏出血、水肿；本类型还易导致法氏囊萎缩和发炎，需与传染性法氏囊病毒病相区别。

（2）肝周炎型　肝脏肿大，肝脏表面有一层黄白色的纤维蛋白附着。肝脏变形，质地变硬，表面有许多大小不一的坏死点，严重者渗出的纤维蛋白与胸壁、心脏、胃肠道粘连；脾脏肿大（彩图12），呈紫红色。

（3）气囊炎型　多侵害胸气囊，也能侵害腹气囊。表现为气囊浑浊，壁增厚，不透明，内有黏稠的黄色干酪样分泌物。早期的显微变化为水肿及异嗜性细胞浸润，在干酪样渗出物中有多量成纤维细胞增生和大量的死亡异嗜性细胞积聚。

（4）纤维素性心包炎型　表现为心包膜浑浊，心外膜水肿，心包腔中有脓性分泌物，心包膜及心外膜上有纤维蛋白附着，严重者渗出液增多，心包膜与心外膜粘连。镜检时，心外膜内有异嗜性细胞浸润，邻近心外膜的心肌间有多量淋巴细胞和浆细胞积聚、肌纤维变性。耐过鸽最终由于慢性瘀血而导致缩窄性心包炎和肝组织纤维化。

（5）肉芽肿型　主要侵害乳鸽与成年鸽，以心脏、肠系膜、胰脏、肝脏和肠管多发。眼观，在这些器官可发现粟粒大的肉芽肿结节，还常因淋巴细胞与粒性细胞增生、浸润而呈油脂状肥厚，结节切面呈黄白色，呈现放射状、环状波纹或多层性。镜检结节中心部为含有大量核碎屑的坏死灶，其周围环绕上皮样细胞带，结节的外围可见厚薄不等的普通肉芽组织，其中有异染性细胞浸润。

（6）关节炎型　此型多见于幼、中鸽，大肠杆菌存在于骨或滑膜组织，慢性经过的病鸽多见于跗关节和趾关节肿大，关节腔中有纤维蛋白渗出或有浑浊的关节液，滑膜肿胀，增厚。

（7）眼炎型　单侧或双侧眼肿胀，浑浊不透明，眼结膜潮红，严重者失明。镜检见整个眼充满异嗜性纤维蛋白渗出物，异染性细胞和单核细胞浸润，脉络膜充血，视网膜不同程度脱落、萎缩。大肠杆菌能在病变的眼球中长期存在。

（8）脑炎型　此类型不太常见，幼鸽及产蛋鸽多发。常见大脑、脑膜及脑室感染，剖检可见脑膜充血、出血，脑实质水肿，脑膜易剥离，脑壳软化，镜检可观察到异嗜性渗出物及异嗜性纤维蛋白。

（9）卵黄性腹膜炎型　此型成年母鸽多见。剖检可见腹腔中充满干酪样渗出物聚集形成类似于卵黄的凝聚体，故又称"卵泡性腹膜炎"。腹腔脏器的表面覆盖一层淡黄色、凝固的纤维素性渗出物，肠系膜发炎，肠袢相互粘连，肠浆膜散在针头大的点状出血。卵泡变形、皱缩，呈灰色、褐色或酱色等不正常色泽；输卵管黏膜发炎，有出血点和淡黄色纤维素性渗出物沉着。镜检发现输卵管上皮异嗜性细胞弥散性聚集形成多发性病灶，内腔含有细菌菌落的干酪样渗出。

（10）混合型　兼有以上两种或多种病型的病变。

【诊断】可通过特征性临床症状及病理变化做出初步诊断，确诊需进行病原分离与鉴定。

（1）涂片镜检　取病死鸽的血、肝、心、脾、肾，直接涂片，进行革兰氏染色，典型者可见两端钝圆，单个或成对排列的阴性小杆菌。

（2）分离培养　如病料没有被污染，可直接用普通平板或血平板进行划线分离，如病料中细菌数量很少，可用普通肉汤增菌后，再行划线培养。如果病料污染严重，可用麦康凯等鉴别培养基划线分离培养后，挑取可疑菌落，除涂片镜检外，做纯培养进一步做生化鉴定。

【鉴别诊断】由于许多细菌病及病毒病与大肠杆菌病病症极似，如支原体、葡萄球菌、沙门氏菌、念珠状链杆菌等，确诊时应与以上疾病加以区分。

【防控措施】鸽大肠杆菌病病因错综复杂，必须采取综合性防治措施才能加以控制。

（1）预防　鸽场选址要合理，远离居民区和其他禽场，保证水源充足、排水方便；搞好环境卫生，定期对鸽舍及周围环境彻底消毒，引进种鸽时，严格淘汰患病鸽，新引进的鸽至少需隔离半个月才能合群饲养；加强饲养管理，降低饲养密度，病鸽及时淘汰处理；鸽蛋及时收检，孵化器在使用前需熏蒸消毒；平时可根据鸽场实际情况进行药物和疫苗预防，疫苗尽量使用自家苗。另外，搞好如新城疫、鸽痘等病毒病的免疫，建立科学的免疫程序，使鸽群保持较好的免疫水平，降低本病发生。

（2）治疗　目前防治鸽大肠杆菌病尚无良策，金霉素和土霉素、磺胺类药物等对此病有较好疗效。有的鸽场长期用抗生素来控制该病，造成耐药性菌株不断增加，在实际生产中，投药前尽量先做药敏试验，根据药敏结果选择高度敏感的药物。在治疗上，一般选用强力霉素、环丙沙星、氟苯尼考等。

八、鸽慢性呼吸道疾病

鸽支原体病，又称鸽慢性呼吸道病，其主要特征是病鸽群有严重的呼吸道症状。目前主要有 3 种支原体与鸽有关：鸽鼻支原体、鸽口支原体和鸽支原体，从外表健康的鸽体内也能分离到鸽口支原体和鸽支原体，且分离率较高。

【流行病学】鸽慢性呼吸道疾病是由部分支原体引起的疾病，最常表现为亚临床型上呼吸道感染。与新城疫、传染性支气管炎或二者混合感染可引起气囊病变。致病性支原体在新发病的鸽群中，蛋带菌高，疾病传播迅速。病鸽将病原通过胚胎传给乳鸽，带病的乳鸽如留种出场，本病就很快向外传播。病鸽多呈慢性经过，潜伏期 1～2 周。病原还通过接触或呼吸道传播，集约化饲养条件下，一年四季，各地都有本病发生，以寒冷阴雨季节较多，各种年龄的鸽均有发病。

【临床症状】发病初期，病鸽精神萎靡，呆立不动，食欲不振，羽毛松乱，打喷嚏，流鼻液，呼吸困难，似感冒症状。鼻出现水样清涕，中期变为浆液性或黏液性，鼻孔周围和颈部羽毛常被污染。后期分泌物干结堵塞鼻孔，常打喷嚏，颜面肿胀，鼻瘤原有的灰白色粉脂变得污浊，眼睛流泪。随着病程的进展，病鸽鼻孔的一侧或两侧有气泡，眼的一侧或两侧闭合流泪，或眼角积有豆腐渣样渗出物，严重的眼球萎缩，以至失明。病鸽间有咳嗽、呼吸困难，夜间常发出"咯咯"的喘鸣音，呼出气体带有恶臭味。病鸽食欲减退，逐渐消瘦，最后因衰竭或喉头被干酪样物堵塞而死。

【病理变化】剖检病鸽和死鸽可见鼻腔、副鼻窦、气管、支气管内有黄色分泌物。有些病死鸽的喉头或支气管被干酪样渗出物所堵塞，气管黏膜充血、增厚或出血。气囊膜浑浊、水肿、囊腔或囊膜上有淡黄白色干酪样渗出物或增生的结节状病灶，外观呈念珠状，大小有芝麻至黄豆大不等。肺部有不同程度的肺炎病变。有的病死鸽，眼结膜充血，眼水肿或上下眼睑互相粘连，有时眼内有脓性或干酪样渗出物。少数出现浆液性心包炎。

【诊断】根据该病的流行病学、临床症状和剖检变化、实验室检查综合诊断为鸽支原体病。实验室检查主要是分离病菌和 PCR 技术。

【防控措施】采用与预防鸡慢性呼吸道病相类似的综合防疫措施。鸽支原体感染程度与鸽场的饲养管理及环境卫生状况直接相关，应加强饲养管理，必要时采用净化工作。

（1）加强饲养管理　供给足够的营养成分，尤其增加维生素 A，提高上呼吸道的抗病能力，尽量减少应激因素等；加强周围环境的清洁卫生工作，减少鸽舍内外的灰尘和病原微生物的侵入，及时清粪，每周消毒，每日更换清洁卫生的饮水，降低鸽舍内氨气浓度。特别要注意的是鸽场尽量远离鸡场，防止来自鸡场的支原体水平传播。

（2）建立支原体阴性的种鸽群　有条件的鸽场建立支原体阴性种鸽群，应有计划实施净化，定期进行支原体血清学检测，坚决淘汰阳性鸽，切断经种蛋垂直传播的方式，是预防支原体感染的一种有效方法。

（3）接种疫苗　免疫接种可有效防止本病的发生，但目前国内无预防该病的疫苗，可以考虑选用鸡慢性呼吸道病油乳剂灭活苗，须注意不能在鸽群中盲目使用弱毒苗。

（4）消毒处理种蛋　对减少支原体垂直传播有一定的帮助作用，在进行熏蒸消毒前，可以采用以下 3 种方法对种蛋先进行处理：①对表面不清洁的种蛋要用干净的纱布擦干净；②要将蛋表面的病原微生物用消毒剂处理干净，消毒剂的温度要比蛋表面的温度高，不要超过 47 ℃，可以采用洗涤或浸泡的方法，常用消毒剂有 0.02%季铵盐类消毒剂等；③用冷的抗生素进行浸泡，浸泡液有 0.03%泰乐菌素、0.05%庆大霉素等，通过浸泡，抗生素可以由蛋孔进入蛋内，从而起到杀灭支原体的作用。除熏蒸消毒外，当人工孵化时还可采用高温处理种蛋，通过这种方法有效控制病原微生物。

（5）**药物治疗** 一旦鸽群感染严重时，可使用药物来防治。对支原体感染的慢性呼吸道病，可使用药物有泰乐菌素、红霉素、北里霉素、土霉素、四环素、金霉素、强力霉素、链霉素、庆大霉素、卡那霉素、新霉素、福乐星等，效果较好的有泰乐菌素、红霉素、替米考星、螺旋霉素、氟喹诺酮类。该病经常混合其他病菌感染，沙门氏菌长期存在可诱发此病。最好选择广谱抗菌药物。常用药物及剂量如下：红霉素按 0.01% 饮水，泰乐菌素按 0.05% 饮水，连用 3~5 d。

九、鸽衣原体病

鸽衣原体病俗称鸟疫，是由衣原体属的鹦鹉热衣原体引起的一种全身性、接触性传染病。衣原体不但感染鸽、鸡、鸭、鹅、野鸟、候鸟等多种禽类，而且感染哺乳动物和人类。分为鹦鹉热衣原体和沙眼衣原体。鸽衣原体病特征病变为全身多处黏膜发炎，呼吸异常，腹泻，消瘦，肝、脾肿大。

【流行病学】本病是一种人畜（禽）共患传染病。2~3 周龄幼鸽感染本病危险性最大，死亡率可达 20%~30%，成年鸽是隐性感染。正常鸽群中约有 30% 的鸽带有衣原体，一旦受到长途运输、过度繁殖、营养缺乏等环境和饲养条件改变的严重应激，成年鸽也会发生慢性或亚急性病例。本病的感染率随季节变化而变化，其特点是传播快、感染率高、发病率低。每年 1~4 月感染率最低，每年的 5~7 月和 10~12 月是鸽常发生衣原体病的季节，各阶段的鸽均可感染，达 80% 以上。其特征为全身黏膜发炎、呼吸异常、腹泻、消瘦、肝和脾肿大。本病主要为消化道和呼吸道传播，经由空气或饲料、饮水而传播。尤其是被衣原体感染的父母鸽将病原体直接传染给下一代，为其主要的传播途径。其次是通过鸽接吻、患病鸽粪便、口腔黏液、泪液、被污染的食粮、饮水、保健砂和尘埃等。另外人可经过呼吸道与病鸽及其产品接触，或经伤口感染。

【临床症状】本病的主要特征表现为眼结膜炎、鼻炎和腹泻。少数鸽还见有翅膀、脚麻痹和扭颈的症状。具体临床症状有以下几种。

(1) 急性型　常发生于乳鸽和童鸽，其死亡率可达 60%，临床表现为精神不振、严重腹泻、童鸽消瘦衰弱和生长发育受阻，体况明显下降，种鸽或赛鸽可出现单侧或双侧结膜炎、鼻炎、眼睑肿大、结膜增厚，流泪，畏光，有浆液性及脓性分泌物流出。后期出现上下眼睑粘连，泪液蓄积，致使闭合的眼睑向外凸起，继发感染者炎症加剧，以至角膜浑浊或失明。单纯性结膜炎一周后逐渐康复。由于泪管堵塞，泪液溢出，病鸽以羽翼摩擦奇痒处，造成羽毛粘连。眼周及翼羽污秽，是发生该病的明显特征。康复鸽群在受到不良应激时可能再次发病。有的鸽子还会出现暂时性的瘫痪等。

(2) 亚急性型　多见于青年鸽和成年鸽，患病鸽子食欲不佳、羽毛蓬松、消瘦、腹泻，常见灰白色或浅绿色水样便。有的病鸽出现单侧性结膜炎，眼睑增厚、肿胀、流泪，严重的结膜浑浊或失明，有的病例还可出现鼻炎，最初几天为水样分泌物，以后变为黄色黏性分泌物，有些鸽子可见单侧鼻孔有干酪样堵塞物，有时呼吸困难，安静时可听到呼吸啰音，个别鸽子出现脚翅麻痹、扭颈等神经症状。病程 4～15 d。

(3) 慢性型　患鸽外表症状不太明显，仅表现为精神欠佳、惰翔，偶尔出现短暂腹泻、消瘦和呼吸不畅、闭眼、打盹等。患鸽日久可致心脏肥大。通常结果是鸽的生产性能下降，抗病力低下，后代生活力不强，赛鸽飞翔成绩不佳而被淘汰。

人和病鸽及其产品接触后会感染此病，人感染此病后主要症状为全身虚弱、体温升高、头痛、背痛、食欲不振、恶心、呕吐、出汗、流鼻血和咳嗽，出现肺炎，重症者可引起死亡。

【病理变化】胸腹腔和内脏器官的浆膜以及气囊的表面有白色纤维素性渗出物覆盖；气囊发炎，气囊壁增厚，呈云雾状浑浊。整个肠道不同程度出血，小肠最严重，呈红褐色至黑褐色；卡他性肠炎病例，在泄殖腔内容物中可见多于常量的尿酸盐。泄殖腔膨大，内容物呈黄绿色、绿色、灰色或黑色。肝、脾显著肿大，有的肝、脾可肿大数倍，肝组织表面布满针尖大小淡黄色坏死灶，心脏、肾脏也肿大，变软变暗。口腔、气管有黄白色或暗红色黏液。

【诊断】根据流行特点，当鸽出现单侧眼结膜炎、鼻炎、腹泻等典型症状，一般可以初步诊断。确诊必须进行实验室诊断，一般需要进行病原学检查和血清学检查。

【防控措施】治疗衣原体感染，可以选用红霉素、金霉素等药物全群治疗。以金霉素的治疗效果较好，在每吨饲料中加入 400 g，连用 5 d；或用 0.05％泰乐菌素饮水服用，连用 5 d。平时应加强饲养管理，防止应激；引进的种鸽必须隔离观察，或经血清学检查确认无病，对于引进的鸽子最好先做血清学检测或隔离饲喂 2 周土霉素等抗生素，控制一切可能的传染源。

十、鸽毛滴虫病

鸽毛滴虫病是由鸽源毛滴虫（简称鸽毛滴虫）引起，是养鸽业最常见的一种原虫性传染病。此病的发病率比较高，尤其对于乳鸽的危害极大。幼鸽因首次吞食成年鸽嗉囊中的"鸽乳"而被感染，并保持终身带虫。鸽毛滴虫主要侵害鸽子的上消化道，特别是咽喉部，导致鸽子的口腔溃疡，由溃疡处进入体内循环系统，到达肝脏并分泌一种酶——半胱氨酸蛋白酶，引起肝细胞一系列的病变效应。该病在世界各地均有报道。

【流行病学】鸽毛滴虫的虫体呈梨形或椭圆形，由前鞭毛、毛基体、核、胞口、轴刺、波动膜和副基体等组成，一共有 4 条游离的鞭毛，便于它们的运动。主要感染途径是经口感染。虫体寄生于鸽上部消化道，在寄生部位的分泌物中以纵向二分裂方式进行繁殖。病鸽的口腔、咽、嗉囊和脐部中常有虫体存在，口腔溃疡灶是毛滴虫的聚居点。该病对成年鸽的健康影响不是很大，成年鸽常带虫但不表现症状，而乳鸽最易感染发病，尤其是刚出生 7～15 d 的初生鸽在建立足够的免疫保护之前，被强毒虫株感染时，死亡率高达 80％以上。1～8 周龄幼鸽发病可出现严重反应，甚至死亡。脐部毛滴虫主要是附在鸽巢上的毛滴虫通过尚未闭合的脐孔，进入到鸽的脐部。鸽被毛滴虫感染不分品种、性别和年龄，多发于夏季且潮湿的地区。年龄较小、黏膜损伤、饲养管理较差和首次换羽的鸽常会诱发此病。

【临床症状】几乎所有的鸽子都是该原虫的携带者，病原体侵害鸽的口腔、鼻窦、咽、食管和嗉囊的黏膜表层，肝脏也常受侵害，偶尔也损害其他器官，但不损害前胃以下的消化道。病初在口腔黏膜的表面出现针尖大小、界限分明的干酪样病灶，在病灶周围可能有一窄的充血带，这种病变可扩大并融合成团。由于干酪样物质的堆积，可部分或全部堵塞食管腔，严重时这些病变可穿透组织并扩展到头部和颈部的其他区域，包括鼻咽部、眼眶和颈部软组织。肝连成一片的病变开始出现在表面，后扩展到肝实质，呈现为硬的、灰白色至深黄色的球形病灶。感染本病后根据临床病状，可分为咽型、脐型和内脏型3种。

咽型是最为常见，也是危害性最强的类型。由于鸽摄食原因，使得黏膜破损，造成病原侵入黏膜而感染发病。发病后病鸽口中有青绿色的涎水流出，作伸颈吞咽姿势。肉眼可见浅黄色分泌物或黄豆大小干酪样物质沉积在鸽的咽喉部，部分病鸽有一层针尖状病灶均匀散布在整个鼻咽黏膜，这些症状都在不同程度对鸽子采食、饮水和呼吸造成影响。因此患鸽会努力去掉口腔中的堵塞物，通常患鸽会连续张口甩头，会从口腔中甩出浅红色黏膜块或黄色黏膜块。

内脏型常常是因为食入被污染的饲料和水而被感染。病鸽常表现体重下降，异常消瘦，精神沉郁，拉黄色带泡沫黏性水样稀便，采食量减少但饮水增加。随着病情的发展，该虫可侵袭到鸽的内部组织器官。病变发生在上消化道时，嗉囊和食管有白色小结节，内有干酪样物，嗉囊有积液。肝脏、脾脏的表面也可见灰白色界线分明的小结节。在肝实质内，有灰白色或深黄色的圆形病灶。另外，还多发生在刚开产的青年母鸽或难产（卵秘）母鸽的泄殖腔，表现泄殖腔腔道变窄，排泄困难，甚至粪便往往积蓄于腔。粪便中有时还带血液和恶臭味，肛门周围羽毛被稀粪沾污，翅下垂，缩颈呆立，尾羽拖地，常呈企鹅样，最后全身消瘦衰竭死亡。泄殖腔型是一种不可忽视的病型，应引起重视，不能忽略。

脐型这一类型较为少见。因巢盘和垫料被感染，从而病原体侵入乳鸽脐孔，而引发本型毛滴虫病。患鸽表现为鸽的脐部皮下形成炎症或干酪样或溃疡性病变的肿块。患病乳鸽行走困难，呈前轻后重，鸣声微弱，有的发育不良，病重的还会导致死亡。

【病理变化】病死鸽嗉囊空虚、消瘦，肛门周围羽毛沾满黄绿色粪污，嘴角、口腔、咽喉、食管的黏膜出现局灶性或弥漫性易剥离的黄白色、疏松状干酪样物，干酪样物剥离后，未见出血。剖检可见病死鸽的口腔和嗉囊黏膜表面附着黄色斑块或突起的干酪样渗出物或坏死组织，肝小叶区出现局灶性坏死性脓肿。嗉囊黏膜粗糙不平、坏死、溃疡。肝脏瘀血、肿胀，散见小米粒至黄豆大的黄白色圆球形病灶，腹腔内可见黄色胶冻状渗出物。镜检可见在病灶的周围有大量的毛滴虫游动。

【诊断】用棉签拭子分别采集口腔或嗉囊部黏液，置于盛有生理盐水的载玻片上搅拌均匀，盖上盖玻片，放显微镜下弱光观察，可见大量梨形或类圆形、翻滚式运动、有鞭毛的活动虫体，即可确诊。在新鲜的涂板上找不到虫体时，可以在人工培养基上接种培养后再进行观察。鸽毛滴虫病要与鸽念珠菌病以及喉型鸽痘相区别。鸽毛滴虫大多可通过显微镜直接检查发现，念珠菌需经过分离培养鉴定。鸽毛滴虫病与喉型鸽痘的区别，鸽毛滴虫在口咽部形成的黄白色假膜易剥离，剥离后不出血；喉型鸽痘的难剥离，易出血致死。

【防控措施】鸽毛滴虫病可通过污染的饮水、饲料、工具等而发生水平传播感染。平时一定要加强饲养管理和鸽舍内的清洁卫生。饲养管理方面，饲料要营养均衡，饮用水要清洁干净。成年鸽和童鸽应分开饲养，后备种鸽 4 月龄前要离地饲养，因为这可减少与患毛滴虫鸽吐出物的接触。留种的乳鸽 1 月龄和 2 月龄时，喂 3～5 d 滴虫净粉进行预防性治疗；清洁卫生方面，水槽、食槽等工具要定期清洗消毒，并注意饲料和饮水卫生，平时多注意环境卫生，勤换垫料等。要经常检查乳鸽的口腔，如果发现口腔内侧两边粗糙且无光泽、"咽口水"，说明可能已经感染了毛滴虫。

发现病鸽和带虫鸽应隔离饲养，可用以下药物治疗：12％的复方磺胺氯达嗪钠粉，1 g 供 25 羽成年鸽使用，每天 1 次，连用 3～5 d；0.05％浓度的结晶紫溶液饮水，连用 1 周；二甲硝咪唑（达美素）：按 0.05％浓度混入饮水中，连续饮用 3 d，间隔 3 d，再饮 3 d；也可用中草药来防治，减少耐药性和化学药物残留。

十一、鸽羽虱病

鸽羽虱病是由羽虱寄生于鸽体表，引起以瘙痒、精神不振、采食量下降、羽毛脱落、生长缓慢等为临床症状的一种体外寄生虫病。羽虱种类很多，全球已知 5 500 多种羽虱，且多寄生于鸟禽，以取食毛屑、鳞屑和皮肤分泌物为生，有时也吸取血液。但是各种羽虱有各自特定的宿主，即具有严格的宿主特异性，如鸡羽虱不会感染鸽。寄生于鸽体表的主要有长羽虱、绒毛虱和大羽虱，多寄生于鸽颈部、翼下羽毛和翼羽，由于不同种类羽虱对温度的需求不同，所以羽虱寄生在鸽体的部位也不同。该病可感染各年龄段的鸽，且全年发病，以秋冬季节最为严重，可导致患鸽体重降低、生产性能降低、飞行能力降低，并可诱发脓性皮炎、溃疡性口炎和传播细菌或病毒类疾病，严重影响养鸽业的经济效益。

【流行病学】不同年龄阶段的鸽一年四季均可感染鸽羽虱，且全年发病，以秋冬季节最为严重，因为这时鸽羽毛浓密，体表温度较高，适合虱卵的繁殖发育。羽虱是不完全变态的虫体，发育过程包括卵、若虫（分为 3 期）、成虫 3 个阶段，其整个生活史都在宿主羽毛上度过。羽虱卵通常成簇黏附于宿主羽毛上，通常经过 5 d 左右孵化成若虫，常一年多代，并且世代重叠，当其离开宿主时最多只能存活 3 d 左右。鸽感染羽虱主要是宿主与宿主间的直接传播，即鸽与鸽之间传播，如雌雄宿主交配时以及亲鸽与子代之间就很容易互相感染。另外，还可以通过饲养用具和垫料等间接传播，如饲养管理不当，鸽舍较小过于拥挤等。

【临床症状】患鸽常表现为羽毛蓬乱，暗淡无光，皮屑增多，且易脱落，啄食羽毛，消瘦，皮肤出现红疹等症状。由于虫体对宿主的刺激，患鸽烦躁不安，难以入睡，甚至活力减退，飞行能力降低。当孵化鸽感染羽虱时，会使孵化率降低。严重时，会使患鸽免疫力降低，增加其他疾病的感染导致死亡。

【诊断】诊断鸽羽虱病是依据在鸽皮肤或羽毛上发现草黄色的虱或者卵，因肉眼可见且结合临床症状，所以确诊相对容易。想要确诊虫体属于哪一类可放在显微镜下查看。

【防控措施】人为严格检疫引进雏鸽，饲养鸽前要对鸽舍、笼具、架网、水槽、料槽等场所和用具进行严格清扫、清洗和消毒，以清除其黏附的寄生虫等。饲养过程中加强对饲养环境的清洁与消毒，彻底清扫粪便、饲料残渣等杂物并对其进行焚烧，保持室内干燥。要定期检查鸽群中有无感染鸽羽虱。在鸽虱流行的养鸽场，将感染羽虱的鸽进行隔离治疗，防止疾病蔓延。

对患鸽可采取以下两种方法治疗：①喷洒法：用 0.03％除虫菊酯、0.01％溴氰菊酯、0.06％蝇毒灵等药液喷洒于鸽羽毛中，并轻轻搓揉羽毛使药物分布均匀，使用时人员最好佩戴手套和口罩等防护用品，并且注意药液剂量不宜过大，防止鸽中毒。由于一般灭虱药物对虱卵的杀灭效果均不理想，为彻底起见，在第一次用药后 7～10 d 需再治疗 1 次，连用 2～3 次，以杀死新孵化出来的幼虱。②药浴法：可用浸有药液的棉球涂抹全身，并轻轻揉搓羽毛。在寒冷季节药浴要选择温暖的晴天进行，浴液温度可控制在 37～38 ℃。在治疗时，必须连同鸽舍墙壁、用具、笼具一起喷雾，以杀灭暗藏的虱和卵。

十二、鸽嗉囊炎

嗉囊炎是肉鸽饲养过程中的常见疾病。各种日龄的鸽子都可能发生，但幼鸽比成年鸽多发。鸽子的嗉囊特别大，能够分泌鸽乳，雌鸽、雄鸽均能分泌鸽乳。雌鸽一生下雏鸽，便由这里的内壁流出鸽乳，与半消化状态的食物混合在一起饲喂雏鸽，雄鸽也参与哺喂，这是鸽与其他禽类的不同之处。因此，在肉鸽养殖中，种鸽有病很容易传给雏鸽。

【流行病学】引起嗉囊炎的原因通常有两方面：一是病原性因素，如病毒（Ⅰ型副黏病毒感染侵害消化道）、细菌（大肠杆菌、沙门氏菌等）感染、真菌（霉菌、白色念珠菌等）感染、毛滴虫、蛔虫等鸽常见病都会引起发病。二是非病原性因素，主要是饲养管理不当造成的：不洁卫生环境、灰尘过多、水管长久不清洗或清洗不彻底，导致鸽群饮用不清洁的水，吃了劣质的、发霉腐败变质的或不易消化的饲料或保健砂，采食过多的粗硬纤维饲料，又缺少饮水和保健砂的供给，采食了鸽毛、垫布等，饲料配给不当，突然增加或更换饲料也会诱发该病。病鸽呕吐出嗉囊中的食物后，其他健康鸽食入病鸽的呕吐物后发病，造成传染。

【临床症状】患鸽发病后表现为停食、嗉囊肿大、呕吐、饮水量增加等。根据嗉囊发病情况，又可分为硬嗉病和软嗉病。硬嗉病又称嗉囊积食，食欲降低或不食，精神萎靡，嗉囊胀大，里面食物排空缓慢，用手触摸嗉囊感觉嗉囊硬、积存有大量坚实的未消化饲料，种鸽不愿喂乳料，拉白色或绿色水样稀粪，鸽消瘦，最终衰竭而死；软嗉病表现为病鸽精神沉郁，羽毛脏乱，采食减少，口腔内有黏液，嗉囊胀大，有的嗉囊下垂，内贮满酸臭污浊含食糜的黏稠液体，触摸时柔软而有波动感，呕吐、甩食，并带有酸臭气味，倒提可经口流出黄白色或黄色恶臭的液体内容物，并混有气泡，饮水增加，粪便稀烂，病情严重者嗉囊溃烂而死或消瘦脱水而死。发病种鸽死亡率低，但肉仔鸽死亡率高。

【病理变化】解剖症状为鸽嗉囊内有大量的黄色液体，口腔黏膜充血，喉头黏膜红肿，腺胃乳头有出血点，肝脏肿胀充血，泄殖腔黏膜充血，肛门附近被黄绿色粪便污染、红肿，气管内有白色坏死点、黏膜充血。

【诊断】根据嗉囊异常，或积食大而硬，或软大且混有气泡，粪便不正常等临床特征，结合环境、饲料等非生物因素和有无病原因素引起的相应症状，从而作出初步诊断。

【防控措施】本病预防的主要措施是改善饲养管理条件。鸽舍内要注意保温，尤其梅雨天气，要防止潮湿；及时清理鸽舍脏物、灰尘、蜘蛛网，保持鸽舍干净卫生。发现病鸽即时隔离，防止呕吐的食物被其他鸽叼食。亲鸽在育雏期间，如果雏鸽突然死亡，应及时把饲料供给量减下来，或同时把巢房的雏鸽轮换移去让其代哺。不喂发霉变质容易发酵的饲料、保健砂，也不要喂食过饱，并保证充足、清洁的饮水。注重鸽营养均衡，提高抵抗力。

对于病鸽，通常情况下停食 3 d 左右，饮水清洗会有好转，轻者自愈。严重者可施行综合疗法：首先物理治疗，冲洗嗉囊。将病鸽的头向下，手指将嗉囊中的食物和液体挤出，然后用导管将 2% 的食盐溶液或用 0.1% 的高锰酸钾溶液灌洗 2～3 次，再将鸽头部向下挤出嗉囊中的液体。用 2% 的盐水给鸽子灌服，随即用手轻揉嗉囊中硬块，使嗉囊中食物软化，反复数次；也可用酵母片跟碳酸氢钠片，每次各 1 片，每天 2 次，连用 3 d。若经灌盐水后仍不见效，则必须将嗉囊切开，取出积食，生理盐水冲洗后缝合，数日即愈。对软嗉病，可以用 1%～2% 的碳酸氢钠溶液冲洗嗉囊，冲洗后服用酵母片 2～3 片，牛黄消炎片 2 片，连用 2～3 d。此期间一定要做好饮食控制并补充电解质，等到嗉囊内的食物消化后再供饲，处理后的几天内给予牛奶或米粥等易消化食物。为了促进嗉囊机能恢复和体能恢复，将维生素、电解质、免疫增效剂、疫苗保护剂、生长促进剂、品质改良剂、营养加强剂等溶于水中，混合连饮 7～10 d。如果有细菌混合感染，要用抗生素治疗。

十三、维生素 D 缺乏症

维生素 D 又称钙化醇，是调节机体钙、磷代谢所必需的营养物质，对于形成正常的骨骼、坚硬的喙和爪以及结实的蛋壳都有重要作用。如维生素 D 缺乏，幼鸽会发生佝偻症，最早可能在出壳后 5～7 d 就出现症状，一般出壳后 10 d 左右症状较为明显。

【病因】如果饲料配合比例失调、缺少光照，又未添加适量的维生素，胃肠、肝脏疾病及长期使用磺胺类药物，都能造成维生素 D 缺乏症。尤其对于中、小型养鸽场，种鸽饲粮多为原粮加保健砂的形式，饲粮单一，饲料中缺乏维生素 D，保健砂中钙含量不足或钙磷比例失调等营养不均衡；加上长期笼养舍饲，鸽舍阳光照射不足时，容易导致维生素 D 缺乏症。

【临床症状】幼鸽病初表现为生长发育不良，羽毛松散，喙、爪变软、弯曲，脚软无力，活动减少常蹲伏休息，一侧或双侧腿向外伸，以后生长发育受阻，有的翅关节发硬，双腿无力、关节僵硬不能伸曲，脚趾弯曲发冷，重症时卧伏在地不能行走。部分幼鸽跗关节肿大，胸部凹陷。母鸽则出现产沙壳蛋或软壳蛋，蛋重减轻，随后可能出现整体产蛋量明显下降。

【病理变化】特征性变化可能集中在骨骼软化，易于折断。肋软骨连接处的骨骼内侧面出现比较明显的结节，类似佝偻病串珠肋骨。由于胸骨通常表现为侧向弯曲并在近胸中部急剧内陷，可能导致胸腔容积变小，重要脏器受到挤压。喙可能变软易于折断。

【诊断】诊断主要通过临床症状，如鸽的骨骼变化和母鸽产蛋变化来推断，并通过补充维生素 D 后症状缓解或消失来进一步确证。

【防治措施】防治需加强饲养管理，首先要尽可能让鸽子多晒太阳，并注意饲料中各类营养素的合适配比，并采用多样化饲料，平时在保健砂中添加充足的钙、磷及维生素 D。在补充维生素 D 的同时添加骨粉和贝壳粉以补钙。病鸽可服维生素 AD 胶囊或鱼肝油，也可在饮水中添加多种维生素，每只 1 粒或 1～2 滴，钙片 1 片，每天 1 次，连用 3 d。也可肌内注射维丁胶性钙，一天 1 次，每次 0.2 mL，连用 2～3 d。

鸽在运输、转群、防疫注射或受外界因素惊扰，易产生应激反应，影响鸽对疾病的抵抗力，可通过补充维生素添加剂以抵抗应激，提高抵抗力。笼养或网上饲养的鸽群，也易造成微量元素缺少，需根据鸽的不同生长阶段，留意适时补充。

十四、有机磷化合物中毒

有机磷化合物是神经毒物，中毒后引起神经功能紊乱，呈现出小剂量兴奋，大剂量抑制的临床症状，主要表现为：流涎、肌肉震颤、全身痉挛、呼吸肌麻痹致呼吸困难；急性中毒症状消失后 2～3 周，可能出现迟发性神经症状，临床表现为病鸽可能有四肢末梢麻痹，运动失调，严重者可瘫痪，出现外周神经病变症状。

【病因】有机磷农药是农业上应用广泛的一类高度脂溶性杀虫剂，对禽、畜、人都有毒性作用。鸽有机磷农药中毒，通常是由于误食了喷洒过有机磷农药的作物和种子、或误食被有机磷农药毒死的害虫或其他小动物，体外驱虫选药不当或用量过大，施药不得法等引起。

【临床症状】急性中毒时，表现无目的地飞动或奔走，食欲下降或废绝，流泪或流涎，瞳孔缩小，呼吸困难，可视黏膜暗红，逐渐精神沉郁、颤抖，排粪频繁，头颈不由自主地向腹部弯曲。后期卧地、抽搐、昏迷，最后可能由于呼吸道被黏液堵塞窒息而死。

【病理变化】病理剖检可见皮下或肌肉有点状出血，上消化道内容物有大蒜味，胃肠黏膜有炎症，喉、气管内充满带气泡的黏液，肺瘀血、水肿，心肌及心冠有出血点，腹腔积液，肝、肾土黄色。

【防治措施】预防为主，应注意有机磷农药的保管、贮存、使用方法、使用剂量及安全的要求。鸽场附近禁止存放和使用此类农药，严防饲料和饮水受农药的污染。鸽舍内灭蚊时，注意不可使用敌敌畏等强毒和剧毒农药，应选用天然除虫剂一类的灭蚊药。消灭鸽虱、鸽螨时，也要尽可能不使用敌百虫等。

发生有机磷农药最急性中毒时，可能来不及治疗即大批死亡。一般发生的中毒多为急性中毒，一旦发生应及时采取全面充分的应对措施，及时采取如下步骤：①排毒解毒。应立即停止使用可疑的饲料和饮水，并内服催吐药或切开嗉囊，排出含毒饲料；灌服 0.1% 硫酸铜或 0.1% 高锰酸钾，或喂服颠茄酊 0.01～0.1 mL。另外也可用植物油、蓖麻油或石蜡油等泻剂，以泻下作为排毒方式缓解中毒症状。②注射特效解毒药阿托品是缓解该中毒的特效解毒药，但药效与食入有机磷的种类和中毒持续时间密切相关。硫酸阿托品：每只鸽 0.1～0.2 mL，一次肌内注射，可缓解肠道痉挛和瞳孔缩小。另可用 2％解磷定注射液 0.2～0.5 mL/kg，一次肌内注射；或 1％～2％石灰水 5～7 mL，一次灌服。对还未出现症状的鸽，也可口服阿托品片加以预防。特别注意的是：敌百虫中毒时禁用石灰水等碱性液体，以免进一步转化成毒性更强的敌敌畏，加剧中毒症状。③对症治疗、强心补液。饲料中增加多种维生素添加剂，用维生素 C 和葡萄糖液饮水，有助于进一步解毒并促进机体康复。

十五、黄曲霉毒素中毒

黄曲霉毒素是黄曲霉菌、寄生曲霉和软毛青霉产生的一种代谢产物，在自然界到处存在，对人和畜禽都有很强的毒性，并有致癌作用。主要损害肝脏，影响肝功能，可引起急性死亡，慢性损害则可能引起癌变。

【病因】在夏季高温季节由于受潮热影响，玉米、花生、稻和麦等谷类容易寄生黄曲霉菌，豆饼、棉籽饼和麸皮等饲料原料也易被黄曲霉菌污染发生霉变，便可产生大量黄曲霉毒素。鸽摄食含有这种毒素的饲料、饮水或其他被污染的食物或垫料，极易引起中毒，造成大批死亡。幼鸽发病率、死亡率均较高。

【临床症状】中毒鸽子羽毛散乱无光泽、脱羽或啄羽，精神不振，食欲减退，生长缓慢，异常尖叫；呕吐、饮水增加，腹泻、粪便多混有血液；贫血，蛋小、孵化率降低；缩颈、翅翼下垂、难以起飞，站立困难；后期下痢消瘦迅速，自主性活动减少，步态不稳或跛行，死前消瘦、衰竭，时有共济失调、角弓反张；产蛋及蛋的受精率下降，体表无毛区发绀，腿的皮下呈紫红色。有的病鸽眼瞬膜下形成黄色干酪样小球，眼睑鼓起、流泪，严重时丧失视力。也有病鸽皮肤出现黄色鳞状斑点，病区羽毛干枯，易折裂。

【病理变化】本病的特征性病变在肝脏，急性中毒的雏鸽肝脏肿大，颜色变淡、呈灰色，有出血斑点。成年鸽慢性中毒时，肝脏缩小，颜色变黄，质地坚硬，常有白色点状或结节状增生病灶。病程在 1 年以上者，肝脏可能出现肝癌结节。黄曲霉毒素还可能引起免疫抑制，表现为法氏囊、胸腺和脾脏的萎缩，或在肺部有针头大至粟粒大或绿豆大的灰白色或淡黄色坚实有弹性的圆形结节，切开呈干酪样坏死组织。胆囊扩张、肾脏苍白和稍肿大，胸部皮下和肌肉有时出血。腺胃黏膜溃烂，肌胃角质膜较难剥离，有的出现溃疡且溃疡灶透过角质膜深入到肌层；十二指肠黏膜严重弥漫性出血，呈现红布样外观，内容物轻度血染，其他小肠充满浅灰色、稀糊状内容物，肛门周围有污粪物。肾潮红、肿大，脑充血或出血。

【诊断】根据追踪检查饲喂饲料有霉变史，中毒鸽发生与可疑饲料添加有一致性，不吃此批可疑饲料的家禽不发病，发病的家禽无传染性表现，以及发病后采用的各种抗真菌药、抗原虫药及多种抗菌药物无效，再结合临床症状和剖检变化，加上送检样品分析等进行综合性分析，可做出诊断。

【防控措施】预防本病的根本措施是防止饲料发霉，不喂发霉饲料。平时应加强饲养管理，搞好环境卫生，防止潮湿积水，通风换气光照好；定期清理粪便、脏物、垫料，及时消毒；饲料库应通风干燥，特别是在温暖多雨的季节及水涝后的饲料库被产生黄曲霉毒素的菌株孢子污染后，更应防止饲料霉变，必要时进行福尔马林熏蒸或过氧乙酸喷雾，消灭菌株孢子。病鸽尸体应焚烧深埋，排泄物、地面表土和垫料铲除清扫，集中用漂白粉处理，彻底消毒，用具用2%次氯酸钠液消毒。停用可疑饲料、食物、饮水等。

本病无特效解毒药物，预防为主，发现中毒要立即更换新鲜饲料。一时来不及更换又怀疑有霉变的玉米等饲料，可在饲喂前用0.1%高锰酸钾浸泡20～30 min后捞出晾干再用，直至把玉米用完为止。对急性中毒的病鸽应采用内服0.5%碘化钾溶液或盐类泻剂排出毒素，结合强心、护肝，补充维生素，饮用5%的葡萄糖水等对症疗法，每天饮用4次，并在每升饮水中加入0.1 g维生素C；也可每千克体重一次口服30～40 mL制霉菌素或克霉菌素治疗，一天2次，连用5～7 d；有呼吸道症状者，为防止继发感染和并发感染，可用青霉素注射，每只3万～6万IU，每日2次，连用3 d。如幼鸽数量多，也可将克霉菌素或制霉菌素按每10只幼鸽用药1 g混于保健砂中，连用7 d。

第七节　常见鸽病的鉴别诊断

检查项目	异常变化	预示主要的疾病
饮水	1. 饮水量剧增 2. 饮水明显减少	1. 长期缺水、热应激、球虫病早期饲料中食盐太多、其他热性病 2. 温度太低、濒死期、药物异味
粪便	1. 红色 2. 白色黏性 3. 硫黄样 4. 黄绿色带黏液 5. 水样稀释	1. 球虫病 2. 沙门氏菌病、痛风、尿酸盐代谢障碍 3. 组织滴虫病（黑头病） 4. 鸽新城疫、禽霍乱等 5. 鸽瘟、饮水过多、饲料中镁离子过多
病程	1. 突然死亡 2. 中午到午夜前死亡	1. 禽霍乱、中毒病 2. 中暑
神经症状和动运障碍	1. 瘫痪，一脚向前一脚向后 2. 1月龄内雏鸽瘫痪 3. 扭颈、抬头望天，前冲后退转圈运动 4. 颈麻痹、平铺地面上 5. 脚麻痹、趾卷曲 6. 腿骨弯曲、运动障碍、关节肿大 7. 瘫痪 8. 高度兴奋、不断奔走鸣叫	1. 马立克氏病 2. 传染性脑脊髓炎、鸽新城疫 3. 鸽新城疫、维生素 E 和硒缺乏、维生素 B_1 缺乏 4. 肉毒梭菌毒素中毒 5. 维生素 B_2 缺乏 6. 维生素 D 缺乏、钙磷缺乏、病毒性关节炎、葡萄球菌病、锰缺乏、胆碱缺乏 7. 维生素 E 及硒缺乏、鸽新城疫 8. 痢特灵（呋喃唑酮）中毒、其他中毒病初期
呼吸	张口伸颈、有怪叫声	鸽新城疫、毛滴虫病

（续）

检查项目	异常变化	预示主要的疾病
冠	1. 痘痂、痘斑 2. 苍白 3. 紫蓝色 4. 白色斑点或白色斑块 5. 萎缩	1. 禽痘 2. 白血病、营养缺乏 3. 败血症、中毒病、新城疫、禽流感 4. 冠癣 5. 白血病
眼	1. 充血 2. 虹膜褪色、瞳孔缩小 3. 角膜晶状体浑浊 4. 眼结膜晶状体浑浊 5. 眼结膜肿胀，眼睑下有干酪样物 6. 流泪、有虫体	1. 禽痘 2. 白血病、营养缺乏 3. 败血症、中毒病、新城疫、禽流感 4. 冠癣 5. 白血病
鼻	黏性或脓性分泌物	传染性鼻炎、慢性呼吸道病等
喙	1. 角质软化 2. 交叉等畸形	1. 钙、磷或维生素 D 等缺乏 2. 营养缺乏或遗传性疾病
口腔	1. 黏膜坏死、假膜 2. 有带血黏液	1. 禽痘、毛滴虫病、念珠菌病 2. 急性禽出血性败血症、新城疫
羽毛	1. 羽毛断碎、脱落 2. 纯种鸽长出异色羽毛 3. 羽毛边缘卷曲	1. 啄癣、外寄生虫病 2. 遗传性、营养缺乏 3. 维生素 B_2、锌缺乏
脚	1. 鳞片隆起、有白色痂片 2. 脚底肿胀 3. 出血	1. 鸡突变、膝螨病 2. 趾瘤 3. 创伤、啄癣、禽流感
皮肤	1. 紫色斑块 2. 痘痂、痘斑 3. 皮肤粗糙、眼角、嘴角有痂皮 4. 出血 5. 皮下气肿	1. 维生素 E 和硒缺乏、葡萄球菌病、坏疽性皮肤炎、尸绿 2. 禽痘 3. 泛酸缺乏、生物素缺乏、体外寄生虫病 4. 维生素 K 缺乏、某些传染病、中毒等 5. 阉割、剧烈活动等引起气囊膜破裂

（续）

检查项目	异常变化	预示主要的疾病
胸骨	1. S状弯曲 2. 囊肿	1. 维生素D缺乏、钙和磷缺乏或比例不当 2. 滑膜支原体病、地面不平引起的损伤等
肌肉	1. 过分苍白 2. 干燥无黏性 3. 有白色条纹 4. 出血 5. 腐败	1. 贫血、内出血和卡氏血细胞虫病、维生素E和硒缺乏、磺胺中毒等 2. 失水、缺水、肾病变型传染性支气管炎、痛风等 3. 维生素E和硒缺乏 4. 黄曲霉毒素中毒、维生素E和硒缺乏等 5. 葡萄球菌病、厌氧梭菌感染
腹腔	1. 腹水过多 2. 血液或凝血块 3. 纤维素性或干酪样渗出物	1. 腹水症、肝硬化、黄曲霉毒素中毒、大肠杆菌病 2. 内出血、白血病、包涵体性肝炎等 3. 大肠杆菌病、败血霉形体病
气囊膜	浑浊有干酪样附着物	鸡败血霉形体病、大肠杆菌病、鸡新城疫、曲霉菌病等
心	1. 心肌白色小结节 2. 心冠沟脂肪出血 3. 心包粘连，心包液浑浊 4. 尿酸盐沉积	1. 沙门氏菌病、马立克氏病 2. 禽出败、细菌性感染、中毒病 3. 大肠杆菌病、败血支原体感染 4. 痛风
肝	1. 肿大、有结节 2. 肿大、有点状或斑状坏死 3. 肿大、被覆渗出物、肿大有出血点、出血斑、血肿 4. 肝硬化 5. 有寄生虫	1. 马立克氏病、白血病、结核病 2. 沙门氏菌病、黑头病、喹乙醇中毒、痢菌净中毒 3. 大肠杆菌病、鸡败血霉形体、包涵体性肝炎、脂肪肝综合征 4. 慢性黄曲霉毒素中毒 5. 后睾吸虫病

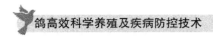

（续）

检查项目	异常变化	预示主要的疾病
脾	1. 肿大、有结节 2. 肿大、有坏死点 3. 萎缩	1. 白血病、马立克氏病、结核 2. 沙门氏菌病、大肠杆菌病 3. 喹乙醇中毒、成红细胞性白血病
胰脏	坏死	鸽新城疫、禽流感、包涵体性肝炎
胆囊	肿大	大肠杆菌病、沙门氏菌病等
食管	黏膜坏死	毛滴虫病、念珠菌病、维生素 A 缺乏
嗉囊	积水、积气、积食、坚实	鸽新城疫、毛滴虫病、软嗉病、硬嗉病、中毒等
腺胃	1. 球状增大、壁增厚 2. 小坏死结节 3. 出血	1. 马立克氏病 2. 马立克氏病、毛滴虫病 3. 鸽新城疫、喹乙醇或痢菌净中毒、包涵体性肝炎
肌胃	1. 白色结节 2. 溃疡、出血	1. 马立克氏病 2. 鸽新城疫、喹乙醇或痢菌净中毒、包涵体性肝炎
小肠	1. 充血、出血 2. 小结节 3. 出血、溃疡、坏死 4. 有寄生虫	1. 鸽新城疫、球虫病、禽出血性败血症、禽流感 2. 马立克氏病等 3. 新城疫、溃疡性肠炎、坏死性肠炎 4. 蛔虫、线虫、绦虫病
泄殖腔	水肿、充血、出血、坏死	鸽新城疫、啄癖
喉	1. 充血、出血 2. 有环状干酪样附着物 3. 假膜	1. 鸽新城疫 2. 慢性呼吸道病 3. 禽痘
气管、支气管	1. 充血、出血 2. 黏液增多	1. 传染性支气管炎、鸽新城疫等 2. 各种呼吸道感染

· 144 ·

（续）

检查项目	异常变化	预示主要的疾病
肺	1. 结节呈肉样化 2. 黄色、黑色结节 3. 黄白色小结节 4. 充血、出血	1. 马立克氏病、白血病 2. 曲霉菌病、结核病 3. 沙门氏菌病 4. 新城疫、禽流感等
肾	1. 肿大、有结节 2. 出血 3. 尿酸盐沉积	1. 白血病、马立克氏病 2. 脂肪肝肾综合征、包涵体性肝炎、中毒、新城疫等 3. 传染性支气管炎、磺胺中毒、其他中毒、痛风等
输尿管	尿酸盐沉积	磺胺中毒、其他中毒、痛风等
卵巢	1. 有结节、肿大 2. 卵泡充血出血	1. 马立克氏病、白血病 2. 沙门氏菌病、大肠杆菌病、禽出血性败血症等
输卵管	1. 左侧输卵管细小 2. 充血、出血	1. 传染性支气管炎 2. 滴虫病、沙门氏菌病、鸽败血霉形体感染、禽流感等
法氏囊	1. 肿大 2. 出血、囊腔内渗出物增多	1. 鸽新城疫、白血病 2. 鸽新城疫
脑	1. 脑膜充血、出血 2. 出血、囊腔内渗出物增多	1. 中暑、细菌性感染、中毒 2. 鸽新城疫
四肢	1. 骨髓黄色 2. 骨质松软 3. 脱腱 4. 关节炎 5. 臂神经和坐骨神经肿胀	1. 包涵体性肝炎、磺胺中毒 2. 钙、磷和维生素 D 等营养缺乏病 3. 锰或胆碱缺乏 4. 葡萄球菌病、大肠杆菌病、滑膜霉形体病、病毒性关节炎、沙门氏菌病、营养缺乏病等 5. 马立克氏病、维生素 B_2 缺乏症

（续）

检查项目	异常变化	预示主要的疾病
受精率	受精率低	公鸽太老、公鸽跛行、公鸽营养缺乏、热应激、母鸽营养缺乏、鸽群感染某些传染病、近亲繁殖
蛋壳	1. 畸形蛋 2. 软壳蛋、薄壳蛋 3. 蛋壳粗糙 4. 花斑壳	1. 鸽新城疫、禽流感、初产蛋 2. 钙和磷不足或比例不当、维生素 D 缺乏、鸽新城疫、大量使用某些药物、其他一些营养缺乏病 3. 鸽新城疫、钙过多 4. 遗传因素、霉菌感染
产蛋	1. 从开产起一直偏低 2. 突然下降	1. 遗传性、超重、营养不良、某些疾病影响等 2. 鸽新城疫、高温环境、中毒、使用某些药物、其他疾病的影响

第八章
产品加工与营销

随着农业产业结构的调整和人民生活水平的提高，肉鸽养殖迅速发展成为一项新兴的养殖业。据测定，肉鸽屠宰率为70%～80%。肉鸽胸、腿肌肉占28%～30%。鸽肉的营养价值比其他畜禽要高。蛋白质含量为24.47%，脂肪含量仅为0.73%，含17种氨基酸，10余种微量元素和多种维生素。具有高蛋白低脂肪的特点，不仅比其他肉类更适合人体需求，又具有较高的药用价值。

第一节 屠宰工艺

一、口腔放血

乳鸽屠宰的最佳日龄是25～28日龄，由工作人员分别将活鸽头朝下放入一侧屠宰架上设置的放血锥形容器中，鸽头向下伸出下口，工作人员左手将乳鸽喙张开，右手持尖刀自口腔内喉管后上方插入，快速切断颈静脉和桥静脉汇合处的血管（和气管），放血应完全，防止血液污染鸽体表面，沥血时间不少于4 min。

放血后的刀具要放入专用刀具消毒盘内消毒，并有洁净的备用刀具作循环使用。

二、浸烫

浸烫水保持清洁卫生，采用流动水，加工用水质量应符合NY5028—2008《无公害食品 畜禽产品加工用水水质》的要求。水池设有温控设施，水温为60～65 ℃。

浸烫时间可根据水温自行酌定（15～20 s），以脱毛不损伤乳鸽嫩皮为宜。

三、脱毛

脱毛要快速完全，然后用清水冲洗鸽体，体表不得被粪便污染。鸽体羽毛应脱净，不得破损（皮肤撕裂，翅骨折）。

四、摘取内脏（净膛鸽标准）

开颈皮：沿喉管剪开颈皮（不得划破肌肉），长 2～3 cm，分离颈皮，在喉头部位拉断气管，并摘除嗉囊。

切肛：从肛门周围伸入刀具或斜剪成半圆形，长 3 cm，要求肛门部位正确，不得切断肠管。

开腹皮：用刀具从肛门孔向前划开 3～5 cm，不能超过胸骨，不得划破内脏。

摘内脏：伸入腹腔，将肠、心、肫、肝、肺全部取出。

五、屠宰过程中的检疫处理

同步检疫执行 NY 467—2001《畜禽屠宰卫生检疫规范》中的规定。检疫鸽体腔和相关的内脏，并记录检验结果。检验后内脏全部立即与胴体分离，并立即去除不适宜人体食用的部分。屠宰间内，禁止用布擦拭清洁鸽体。

六、摘取内脏（半净膛标准）

将经同步检验检疫符合卫生质量标准的心、肝、肫装入聚乙烯袋放入净膛鸽胸腹腔内，不得散放和遗留。

七、冲洗

带压清水冲洗鸽体内外，至冷却槽之前保持洁净无污染。作业工作台或机械工具上的污染物，必须及时用带压水冲洗干净。

第二节　冰鲜鸽保鲜技术

冰鲜鸽是指屠宰后的活鸽的胴体在严格执行检疫制度后和无公害管理程序后，迅速进行冷却处理，胴体温度在 2 h 内降至 0～4 ℃范围内的鲜鸽肉。与鲜鸽肉相比，冰鲜鸽具有安全卫生、营养价值高等优点，越来越受到人们欢迎。然而，在目前的条件下，冰鲜鸽从生产、运输、销售、贮藏等过程中都会受到微生物的污染，鸽肉高度易腐。市面上相关产品的保质期一般不超过 3 d，这极大制约着冰鲜鸽市场的发展。

一、化学保鲜剂保鲜法

化学保鲜剂保鲜法是最常见的保鲜方法之一。化学保鲜剂主要是各种有机酸及其盐类，主要包括乙酸、柠檬酸、乳酸、抗坏血酸和山梨酸，以及钾盐、磷酸盐等。这些化学药品单独使用或者配合使用均对保鲜鸽的保鲜有一定效果。有机酸的抑菌作用，在温度 6 ℃以下对革兰氏阳性和阴性菌均有效，显著降低肉样细菌总数，控制 pH 上升。

二、植物保鲜剂保鲜法

可以从一些植物中草药或香辛料提取一些具有杀菌或抑菌作用的物质，作为天然防腐剂，具有抗菌防腐作用，能够抑制传染性微生物的生长。毒性低，来源丰富，价格低廉，赋予感官上特殊的风味及生理保健功能。但天然植物提取液保鲜也存在缺点，存在强烈气味，影响食品风味等，技术上尚未成熟，需要进一步研究。

三、微生物保鲜剂

应用乳酸菌及其他抑菌物质是一种新型的保鲜技术。常用的微生物保鲜剂有由乳酸菌分泌乳酸链球菌素以及溶菌酶。乳酸链球菌素的抑菌机理是破坏细菌的细胞膜，并影响细胞壁的合成，造成三磷酸腺苷的外渗，从而引起细胞的溶解。用乳酸链球菌素对生鸽进行保鲜，结果表明具有良好的保鲜效果。

四、气调保鲜

气调保鲜是肉类保鲜的重要方法之一。通过在包装内充入一定的气体，以抑制微生物的生长和酶促反应，抑制新陈代谢以及保持鲜肉色泽，从而达到保鲜防腐的目的。以二氧化碳和氮气为主。不同的气体对冰鲜鸽类的保鲜作用不尽相同。

五、辐照保鲜

辐射杀菌机理是利用放射性发出的能量，以电磁波的形式透过物体，当物质中的分子吸收辐射的能量时，会被激活成离子或自由基，引起化学键破裂，物质内部结构发生变化，同时损伤细胞核酸，进而损害整个细胞体，影响其正常生长发育和新陈代谢，杀死表面和内部的微生物。应用低剂量 γ 射线辐照是杀灭鸽肉类及其制品中各种腐败菌和肠道致病菌的最佳途径。辐照消毒处理可以提高鸽肉及其制品的卫生质量及有效延长保质期，具有应用范围广、节能、高效、可连续操作、易实现自动化和辐射后不会留下任何残留物的优点。不会被放射性污染，也不会产生感生放射性（induced radioactivity，是指原本稳定的材料因为接受了特殊的辐射而产生的放射性），不但对人体健康无害，而且其营养价值可以维持与原来的一致水平。

冰鲜鸽作为一种全新的肉类产品，与传统的热鲜鸽相比具有安全卫生、质地柔软、口感细腻、滋味鲜美、汁液流失少、营养价值高等优点。单一的保鲜方法通常都存在着一定缺陷。综合保鲜技术，可以起到互补效果，有效抑制微生物生长和其他不利因素。

第三节　肉鸽产品初加工的步骤与方法

肉鸽产品经过宰杀、去头、去内脏、分割、冷藏或冷冻、分级、包装等简单加工处理，制成的保鲜冷冻鸽。宰杀工艺见肉鸽屠宰工艺流程。

经屠宰后全净膛、半净膛的鸽肉需进行以下的步骤。

1. 冷却、消毒处理

（1）预冷却水温度应保持在 5 ℃以下，不得被肠道内容物或血液等污染，水质应保持卫生。

（2）经冷水温度应保持 0～2 ℃，勤换冷却水。冷却时间不少于 45 min。

（3）鸽体在冷却槽内与水流逆向移动。

（4）冷却后的鸽体中心温度应降到 5 ℃以下。

（5）冷却槽内加消毒药（50～100）×10^{-6} mg/kg，没过鸽体消毒池。

（6）鸽体出冷却槽后，经 2～3 min 移动沥干，无可见异物，胴体洁净光滑。

2. 分级和造型 将经检验符合标准的鸽胴体，逐个称重分级。

特级：A：501 g 以上；B：451～500 g；C：400～450 g

一级：A：351～399 g；B：301～350 g

二级：251～300 g

三级：201～250 g

鸽体造型是将鸽头掖于左翅下，将左右翅紧贴胴体一侧，两脚弯曲后塞于腹腔内。用聚乙烯塑袋包装，材料应符合国家安全标准。分别按照级别标准入冷藏或冷冻库。

3. 冷冻、冷却

（1）屠宰到成品进入冷藏及冷冻库所需时间不得超过 2 h，遵循先加工先包装入库的原则。

（2）需冷冻的产品，应在 -30 ℃以下相对湿度 90％～95％的冷冻库急冻。鸽体中心温度应在 8 h 内降到 -15 ℃以下。

（3）冷却产品 库温要求在 -18 ℃以下，相对湿度 90％。

（4）装箱前需测试肉温，鸽胴体中心温度达 -15 ℃后方可装箱入库。

（5）产品应分品种、规格、生产日期、批号，分批堆放在垫仓板上，保持一定间距，做到先进先出。

（6）检疫合格才可出库，不得进行二次冷冻。

第四节　肉鸽产品深加工的工艺与方法

肉鸽产品在初加工的基础上进行深度加工完善制作，使其更具价值，以追求更高附加值的生产。肉鸽通过不同的加工工艺，可以制成各种风味食品，其主要种类、加工工艺与方法主要有以下几种。

一、熟食鸽肉制品

是以屠宰加工后的鲜（冷却）、冻（乳）肉鸽为主料，经配料调味煮制加工而成的熟食鸽肉产品。

1. 鸽肉制品　以鲜（冷却）、冻（乳）肉鸽为主要原料，经选料，加入各产品的特色配料调味、煮制、冷却、系列加工工艺后而成的熟食鸽肉制品。

2. 脆皮鸽　以鲜（冷却）、冻（乳）肉鸽为主要原料，经选料、配料调味、煮制、起锅、上晾架、鸽体表皮涂上配料脆皮水，冷却、抽真空包装后入库 0～4 ℃或−18 ℃贮存。

3. 酱卤鸽　以鲜（冷却）、冻（乳）肉鸽为主要原料，经选料、酱卤料配料调味、煮制、起锅、冷却、抽真空包装后入库 0～4 ℃或−18 ℃贮存。

4. 盐水鸽　以鲜（冷却）、冻（乳）肉鸽为主要原料，经选料、配料调味、煮制、起锅、冷却、抽真空包装后入库 0～4 ℃或−18 ℃贮存。

在肉鸽制品精深加工时，确定的低温杀菌工艺参数为 5 - 30 - 10 min/90 ℃（升温时间-恒温杀菌时间-降温时间，90 ℃为规定的杀菌温度），一次杀菌。从微生物的变化发现，真空包装后的鸽肉制品，随着贮存时间的延长，厌氧菌逐渐成为优势菌。到贮存后期，厌氧条件下培养的菌落数甚至超过有氧条件下培养的菌落总数。因此，在评价真空包装鸽肉制品的卫生质量时，除了考虑细菌总数（有氧条件培养）、大肠菌群外，还需考虑厌氧菌数，以免对微生物超标的鸽肉制品误判为合格。所以，鸽肉制品菌落总数的一般企业内控指标，定为真空包装，低温杀菌产品$<1\times10^4$ CFU/g。

二、乳鸽净菜产品加工

采用盐水浸泡工艺，0.2%的盐水浸泡去血水，食品保鲜剂应用乳酸链球菌素、壳聚糖、茶多酚等复合而成的复合保鲜液，浸泡5 s后进行再加工，在0～4 ℃下可延长保鲜期。

三、鸽蛋奶制品加工技术

高端营养乳制品鸽蛋奶，应用折光检测，巴氏喷淋短时间杀菌技术，解决工业化生产中蛋液凝固的技术难题。

四、化妆品

鸽蛋中的胶原蛋白含量为 7.51 μg/g，而鸡蛋中胶原蛋白含量为 7.17 μg/g。通过检测对比，结果表明鸽蛋中胶原蛋白含量显著高于鸡蛋，可制作人们所用的化妆品。

五、鸽滋补型保健营养品

对鸽产品滋补机理的研究，鸽蛋、鸽肉脂肪酸含量高，氨基酸含量高，维生素、微量元素都高于鸡肉，可开发鸽精等对人类有益的滋补型保健营养产品。

附　录

附录1　国家鸽业科技创新联盟理事会名单

理事会	姓名	职称/职务	单　位
理事长	秦玉昌	研究员/所长	中国农业科学院北京畜牧兽医研究所
副理事长	陈余	研究员/副站长	现代农业产业技术体系北京市家禽创新团队
	陈益填	研究员	广东省家禽科学研究所
	卜柱	研究员	江苏省家禽科学研究所
	陈继兰	研究员	中国农业科学院北京畜牧兽医研究所
	韩联众	总经理	深圳市天翔达鸽业有限公司
	钟志平	总经理	惠州市华宝饲料有限公司
常务理事	唐湘方	副研究员/副处长	中国农业科学院北京畜牧兽医研究所
	杨长锁	研究员/副所长	上海市农业科学院畜牧兽医研究所
	姜润深	研究员	安徽农业大学
	卢立志	研究员/所长	浙江省农业科学院畜牧兽医研究所
	王修启	教授	华南农业大学
	邹晓庭	教授	浙江大学
	戴鼎震	教授	江苏金陵科技学院
	杨海明	教授	扬州大学
	刘保国	副教授	河南科技学院动物科技学院
	韩占兵	教授/主任	河南牧业经济学院
	曲鲁江	教授	中国农业大学

（续）

理事会	姓 名	职称/职务	单 位
常务理事	詹凯	副所长	安徽省农业科学院畜牧兽医研究所
	魏文康	研究员/副所长	广东省农业科学院动物卫生研究所
	陈庆汉	秘书长	上海市肉鸽行业协会
	陆凤喜	会长	安徽省肉鸽业协会
	郑勇	会长	海南省肉鸽行业协会
秘书长	孙鸿	总经理	北京优帝鸽业有限公司
副秘书长	麻慧	副教授	中国农业科学院北京畜牧兽医研究所
	贾亚雄	副研究员	中国农业科学院北京畜牧兽医研究所
	李复煌	畜牧师	北京市畜牧总站
理事单位	杜金平	研究员	湖北省农业科学院畜牧兽医研究所
	谢金防	研究员/副院长	江西省农业科学院畜牧兽医研究所
	郭勇	教授/院长	北京农学院
	曹顶国	研究员/主任	山东省农业科学院家禽科学研究所
	李绍钰	研究员/副所长	河南省农业科学院畜牧兽医研究所
	安建勇	副研究员	天津市农业科学院畜牧兽医研究所
	魏中华	研究员	河北省农业科学院畜牧兽医研究所
	杜晓慧	教授	四川农业大学
	康相涛	教授/院长	河南农业大学
	赵宝华	研究员	江苏省家禽科学研究所
	韩绍成	总经理	北京磐石顶冠动物药业有限公司
	高亚宁	副总经理	北京悦然牧业有限公司
	王新华	总经理	北京康华盛大有害生物防治科技发展有限公司
	单达聪	研究员	北京市农林科学院畜牧兽医研究所
	孙建光	总经理	上海申裕鸽业有限公司
	唐则斋	董事长	上海欣荣鸽业有限公司
	杨建国	董事长	上海朱桥王鸽有限公司
	顾秋根	总经理	上海天羽鸽业有限公司

（续）

理事会	姓 名	职称/职务	单 位
理事单位	颜士玉	总经理	上海联贸强粮油销售公司
	谢广霖	总经理	上海赞维生物技术有限公司
	赵维民	总经理	上海金皇鸽业有限公司
	丁卫星	研究员	上海市农业科学院国家家禽工程技术研究中心
	樊雷钢	核心成员	上海市农业科学院国家家禽工程技术研究中心
	高春起	副教授	华南农业大学
	李勇	总经理	深圳华大方舟生物技术有限公司
	陆国标	董事长	深圳市南粤光明乳鸽餐饮管理有限公司
	梁洪华	董事长	广东丰利农业综合开发有限公司（鸽天下）
	戚玉涛	董事长	广东领航农牧有限公司
	叶建雄	总经理	广东永顺生物制药有限公司
	翁良福	董事长	广东省罗湖镇光明养鸽场
	左振春	总经理	茂名瑞晟农业发展有限公司
	易广平	总经理	广西鑫磊鸽业有限公司
	王洪振	总经理	广西利腾农业科技有限公司
	余石英	总经理	广州市白云区人和镇沙田鸽场
	唐庆雄	董事长	广州市良田美雄畜牧设备公司
	王德辉	董事长	广州市人和皇鸽餐厅
	赖坤梦	总经理	广州市益尔孵化设备有限公司
	列元辉	总经理	广州市增城区永裕实业有限公司
	张兴龙	董事长	海宁艾迪欧动物保健品科技有限公司
	杨明军	董事长	河南天成鸽业有限公司
	李金勇	总经理	湖北贝迪鸽业有限公司
	虞江山	董事长	湖北随州飞翔鸽业有限公司
	李新春	总经理	湖北众一药业有限公司
	方全民	董事长	湖南全民鸽业有限公司
	杨香萍	总经理	湖南花垣羽丰鸽业有限公司

（续）

理事会	姓 名	职称/职务	单 位
理事单位	方建林	董事长	江西省鑫昊家庭养殖园
	付先辉	董事长	江西展天鸽业有限公司
	朱贵平	董事长	江西省鹰潭市鼎盛农业综合开发有限公司
	朱立民	董事长	江苏泰州立春鸽业有限公司
	时一成	董事长	江苏如皋市金诚肉鸽专业合作社
	罗哲达	总经理	浙江慈溪市锦尚电器有限公司
	巍金光	董事长	苏州太瑞餐饮管理有限公司
	何涛	总经理	福建省上杭县同福鸽业发展有限公司
	陈孝秋	董事长	福建泉州集盛鸽业发展有限公司
	周利民	总经理	新疆羽丰翔畜牧科技有限公司
	张赢	社长	新疆石河子市十户滩镇长生鸟鸽业养殖专业合作社
	徐帅	董事长	云南省曲靖市九龙鸽业专业合作社
	赵成海	法人	山东德州武城县广运林肉鸽养殖家庭农场
	刘国恩	董事长	河北邢台市宁达饲料有限公司
	折学超	总经理	河北省石家庄灵寿县田佳鸽业
	贾庆华	总经理	石家庄庆华鸽笼厂
	汪余庆	董事长	安徽省潜山县绿色养殖有限公司
	彭庆林	董事长	安徽省宿州市蓝翔鸽业公司
	陈月生	社长	安徽省怀宁县龙舌养殖合作社
	李 明	总经理	安徽省桐城市李氏鸽业公司
	杜腾飞	法人	安徽省利辛县双飞养殖专业合作社
	李建东	总经理	天津市爱德信粮油经营部
	卫龙兴	高级兽医师	上海市奉贤区动物疫病预防控制中心
	郑良春	厂长	南京宁光畜禽屠宰设备厂

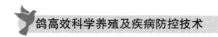
附录 2　肉鸽的免疫程序（参考）

病名	日龄	疫苗	接种方法	剂量
鸽新城疫（鸽瘟）	15 日龄左右	ND Ⅳ系弱毒苗	滴眼鼻或饮水	2 羽份
	45 日龄左右	鸽Ⅰ型副黏病毒灭活疫苗或 ND Ⅳ系弱毒苗	肌内注射	1 羽份
	开产前	鸽Ⅰ型副黏病毒灭活疫苗、鸽新城疫油乳剂灭活疫苗或 ND Ⅰ系弱毒苗	肌内注射	1 羽份
	以后每半年	鸽Ⅰ型副黏病毒灭活疫苗、鸽新城疫油乳剂灭活疫苗或 ND Ⅳ系弱毒苗	肌内注射或饮水	1.5 羽份
禽流感	3 月龄	禽流感（H5＋H9）二联灭活油苗	肌内注射	1 羽份
	开产前	禽流感（H5＋H9）二联灭活油苗	肌内注射	1.5 羽份
	每年	禽流感（H5＋H9）二联灭活油苗	肌内注射	1.5 羽份

附录 3　肉鸽常用药物用法用量

一、消毒药

药物名称	规格	剂量及用法	作用、用途及注意事项
来苏儿（煤酚皂溶液）	含煤酚50%	3%～5%溶液喷洒，1%～3%溶液消毒皮肤	煤酚（甲酚）使菌体蛋白质变性而起消毒作用。用于消毒鸽舍、用具及排泄物，2%溶液消毒手臂皮肤
福尔马林（甲醛溶液）	含甲醛40%	40%甲醛溶液喷洒，熏蒸消毒	甲醛使菌体蛋白质变性，有强大杀菌作用。用于消毒鸽舍、用具。甲醛蒸气可消毒孵化器、种蛋。一般将甲醛溶液和高锰酸钾按2:1比例放入玻璃器皿中熏蒸消毒，每立方米空间需用甲醛溶液25 mL、高锰酸钾12.5 g，熏蒸消毒4 h以上
生石灰（氧化钙）		10%～20%石灰乳	遇水生成氢氧化钙而产生杀菌作用。用于涂刷鸽舍墙壁及地面，或消毒排泄物。不能久贮，必须现配现用
苛性钠（氢氧化钠）	粉剂	2%～3%热水溶液	有强大杀菌作用。用于消毒鸽舍、用具及运输工具。一般用市售烧碱（含94%氢氧化钠）配成2%～3%热水溶液，本品有腐蚀性，能损坏纺织物，用时应小心
漂白粉（含氯石灰）	0.5%	5%～10%悬液	微溶于水，遇水分解生成次氯酸、新生氧和氯，有较强杀菌作用。用于消毒鸽舍地面、排泄物等。不能消毒金属用具，必须现配现用

（续）

药物名称	规格	剂量及用法	作用、用途及注意事项
新洁尔灭（溴化苄烷胺）	0.5%	0.1%	本品同菌体接触使菌蛋白变性而杀菌。杀菌范围广，作用迅速，无刺激和腐蚀性，毒性低，不能杀死芽孢。用于消毒皮肤、黏膜、创伤和手术器械。加入0.5%亚硝酸钠能防止浸泡器械的生锈。肥皂能降低本品的效力，遇高锰酸钾、碘和碘化物以及硼酸，可产生沉淀
过氧乙酸	20%	0.2%～0.5%	强氧化剂，对细菌、芽孢和真菌均有强烈杀灭作用。可用于消毒畜禽活体或尸体污染的地面、用具
百毒杀	50%	饮水消毒用50～100 mg/L；带鸽消毒用300 mg/L	本品能迅速渗透入胞浆膜脂质体和蛋白体，改变细胞膜通透性。具有较强杀菌（毒）力。可用于饮水、内外环境、用具、种蛋、孵化器等消毒，带鸽消毒
乙醇（酒精）	70%	外用	本品使蛋白质脱水凝固而呈现杀菌作用，常用于皮肤和器械（针头、体温计等）的消毒
碘酊	2%	外用	碘使菌体蛋白变性而杀菌，用于消毒皮肤。对伤口和黏膜有刺激性
碘甘油	3%	外用	本品无刺激性，用于消毒黏膜，可治疗黏膜型鸽痘。配制法：碘化钾2 g溶于10 mL蒸馏水中，加碘3 g，使溶解，加甘油至100 mL
紫药水	1%～2%龙胆紫的水或酒精溶液	外用	有杀菌作用。能使表皮结痂，用于治疗鸽痘及皮肤和黏膜的感染

（续）

药物名称	规格	剂量及用法	作用、用途及注意事项
优氯净（二氯异氰尿酸钠）	含有效氯60%～64%	水溶液喷洒、浸泡、擦拭等消毒（0.5%～10%，15～60 min）；地面，500～1 000 mL/m²，1～3 h；饮水消毒，有效氯4 mg/L，30 min	易溶于水，杀菌谱广，对细菌、病毒、真菌孢子及细菌芽孢均有较强杀灭作用

二、抗菌药

药物名称	规格	剂量及用法	作用、用途及注意事项
磺胺嘧啶（SD）	0.5 g片剂；粉剂	0.5%混于饲料中	磺胺类药物抑制细菌生长繁殖，对大多数革兰氏阳性及一些阴性细菌有效，治疗和预防禽霍乱、鸽伤寒、副伤寒、球虫病等均有一定疗效。一般需要连续喂养8 d，雏鸽会引起中毒反应。SQ连续喂养5 d以上，也会引起中毒；与TMP或DVD合用，用量可减少到0.05%～0.1%（混合饲料）
磺胺甲基嘧啶（SM1）	0.5 g片剂；粉剂	0.5%混于饲料中	
磺胺二甲嘧啶（SM2）	0.5 g片剂；粉剂	0.5%混于饲料中	
磺胺二甲氧嘧啶（SDM）	0.5 g片剂；粉剂		
磺胺喹噁啉（SQ）	粉剂	0.05%～0.1%混于饲料中	

（续）

药物名称	规格	剂量及用法	作用、用途及注意事项
磺胺甲基异噁唑（新诺明、SMZ）	0.5 g 片剂；粉剂	0.05%～0.1% 混于饲料中	性质稳定，效力迅速，副作用小，抗菌范围广，对球虫病及白细胞原虫病均有效，混合饲料，可连续喂 3～5 d；如与 TMP、DVD 合用，用量可减少到 0.02%～0.05%（混合饲料）
磺胺-5-甲氧嘧啶（SMD、磺胺对甲氧嘧啶）	0.5 g 片剂；粉剂	0.05%～0.1% 混于饲料中	
磺胺-6-甲氧嘧啶（制菌磺、SMM、DS-36）	0.5 g 片剂；粉剂	0.05%～0.1% 混于饲料中	
三甲氧苄氨嘧啶（TMP）	0.1 g 片剂；粉剂	不宜单独使用	为抗菌增效剂，与 SMZ、SMM、SD、SM1、SM2 等按 1∶5 比例配合，具有作用强、抗菌谱广、用量小、副作用轻微等优点。若单独使用，细菌对其易产生耐药性
二甲氧苄嘧啶（DVD）	粉剂	不宜单独使用	
痢特灵（呋喃唑酮）	0.1 g 片剂；粉剂	0.02%～0.04% 混于饲料中	有广谱抗菌作用。用以治疗和预防鸽伤寒、副伤寒及球虫病等。可连续喂养 5 d；雏禽较敏感，长期应用，剂量过大或药物混合不均匀会造成中毒
氟哌酸（诺氟沙星）	粉剂	0.05%～0.1% 混于饲料中	是一种高效、广谱抗菌药。可以治疗大肠肝菌病、沙门氏菌病、禽霍乱等，也可以治疗葡萄球菌、链球菌、肺炎球菌等引起的感染

（续）

药物名称	规格	剂量及用法	作用、用途及注意事项
克霉唑	片剂：0.25g/片，0.5g/片	0.03%～0.05% 混合于饲料	广谱抗真菌药，内服易于吸收，对多种致病性真菌都有抑制作用，对呼吸道真菌病有效
青霉素G钾（钠）	针剂：每支20万IU，40万IU，80万IU	肌内注射：5万IU/只（成年鸽）；2 000 IU/只（雏鸽）	本品对革兰氏阳性杆菌作用强于其他抗生素，对螺旋体和球虫也有作用。主要用于防治球虫病和螺旋体病。治疗球虫病时，按2 000 IU/只的量，溶于少量饮水中或加入到少量饲料中，1～2 h内用完，连用3日。本品水溶液极不稳定，宜现用现配，立即用完，不宜同其他药物（高锰酸钾、酒精、磺胺噻唑钠等）混合
氨苄青霉素（安比西林）	片剂：0.25 g/片；粉剂：0.5 g/瓶	内服：0.05%～0.025%，混于饲料中；注射：5～20 mg/kg	半合成青霉素，对革兰氏阳性菌作用，但不如青霉素G。对革兰氏阴性菌比氯霉素、四环素类作用强。对雏鸽沙门氏菌病有较好防治效果。与链霉素、卡那霉素等合用对治疗大肠杆菌引起的气囊炎、腹膜炎等有效
红霉素	片剂：0.125g/片，0.25 g/片；注射液：乳糖酸红霉素：0.25 g/支	内服：0.02%～0.05%混于饲料中；注射：10～40 mg/kg	作用与青霉素G相似。对革兰氏阳性菌作用强，对支原体有一定作用，因而能防治支原体病，但对有细菌并发感染的禽群效果不好；市面销售的高力米先为含硫代氰胺酸盐的红霉素，能完全溶解于水，请注意按含红霉素量来折算用量

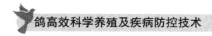

（续）

药物名称	规格	剂量及用法	作用、用途及注意事项
泰乐菌群	粉剂	内服:0.04%~0.06%,混于饮水中,连续用3~5 d	本品可用于治疗呼吸道支原体病,但单独使用时对已有细菌并发感染的禽群效果不好
硫酸链霉素	强力霉素(盐酸脱氧土霉素)	肌注10~30 mg/kg,1日3次	本品为抗革兰氏阴性菌抗生素,可用以防治沙门氏菌病、大肠杆菌病等,内服在肠道难吸收
庆大霉素	片剂:2万IU;针剂:2万IU(20 mL)		为广谱抗生素,对革兰氏阳性及阴性菌均有效。用以治疗鸽大肠杆菌病及葡萄球菌病等,对肾脏毒害作用较大。内服在肠道难吸收
盐酸金霉素(盐酸氯四环素)	片剂:0.125g/片,0.25g/片,注射剂:0.1 g/支,0.2 g/支	内服:0.05%~0.1%,混于饲料中;肌内注射:0.04 g/kg,每日2次	广谱抗生素,除对病原菌有作用外,对某些立克次氏体、大型病毒、螺旋体和原虫均有抑制作用。用以防治鸽伤寒、副伤寒、霍乱和球虫病等。常混入饲料中连续饲喂,一般不超过5 d。长期饲用会造成双重感染,及钙质吸收不良;本品忌与碱性物质配合
盐酸土霉素(盐酸氧四环素)	片剂:0.125g/片,0.25g/片	内服:0.05%~0.1%,拌于饲料中	
盐酸四环素	片剂:0.25g/片	0.02%,混于饲料中;0.01%,混于饮水中	

（续）

药物名称	规格	剂量及用法	作用、用途及注意事项
强力霉素（盐酸脱氧土霉素）	片剂：0.1g/片；粉剂	内服：0.005%～0.02%，混于饲料中	作用同上，但效力强，作用时间长。对四环素类药物耐药的细菌对本品仍敏感，对有细菌并发感染的呼吸道支原体病有疗效，用药物时间长至 7～10 d，内服易吸收，用量小，副作用小
氟苯尼考		0.01%饮水	本品有抑制革兰氏阳性及阴性菌的作用，为广谱抗生素。对沙门氏菌的作用很强，能防治伤寒和禽霍乱等病。忌与碱性药物配合，对骨髓造血机能有抑制作用
制霉菌素	片剂：50 万 IU/片，25 万 IU/片	内服：每千克饲料加入 50 万～100 万 IU，1/4 片/只	抗真菌药物，内服吸收很少，用于治疗消化道真菌病

三、抗球虫药

药物名称	抑制球虫生长阶段	作用峰期	作用与用量	注意事项
氯吡醇（克球粉及可爱丹为含量 25%的散剂）	第一代繁殖初期（子孢子期）	感染后第 1 天	预防：125 mg/L 混于饲料中，可长用；治疗：250 mg/L，混于饲料中，5～7 d；克球粉及可爱丹的剂量应为上述剂量的 4 倍	长期使用停药后 4～5 d 易暴发球虫病。故停药后可用其他抗球虫药 3～5 d。产蛋期禁用
盐霉素（优素精为含量 25%的散剂）	第一代裂殖体及子孢子	感染后第 2 天	50～70 mg/L，混于饲料中；优素精 500～700 mg/L	超量易中毒

（续）

药物名称	抑制球虫生长阶段	作用峰期	作用与用量	注意事项
氨丙啉	第一代裂殖体	感染后第2天	预防：125 mg/L，混于饲料中；治疗：250 mg/L，混于饲料中，3～5 d	是维生素 B_1 的拮抗剂
氯苯胍	主要作用于第一代裂殖体，对第二代裂殖体也有作用	感染后第3天	30～60 mg/L，混于饲料中，可长用	胴体有异味。上市前5 d停药
磺胺喹噁啉	主要作用于第一代裂殖体，对第二代裂殖体也有作用	感染后第4天	预防：120 mg/L，混于饲料中；治疗：100 mg/kg，混于饲料中，3 d	常用于发生维生素 B_1 及维生素 K 的缺乏症
青霉素 G				治疗：第一次肌内注射，以后饮水，每只鸽5 000～10 000 IU

四、驱虫、杀虫药

药物名称	规格	剂量及用法	作用、用途及注意事项
左咪唑（左旋咪唑）	片剂：25 mg/片；50 mg/片	20～40 mg/kg，混于饲料中	驱除禽的蛔虫及异刺线虫、鹅裂口线虫、同刺线虫均有较好效果。其特点是：用量小，疗效高，毒性低

（续）

药物名称	规格	剂量及用法	作用、用途及注意事项
枸橼酸哌嗪（驱蛔灵）	片剂：0.5 g/片	1/4 片/只	驱禽蛔虫。毒性小、安全
吡喹酮	片剂：0.1 g/片；0.2 g/片	10～15 mg/kg	高效广谱驱吸虫、绦虫药。驱禽绦虫效果好，毒性低，价格较贵
马拉硫磷		外用：0.5%水溶液喷洒	本品为有机磷制剂，能杀死羽虱、螨、蜱等外寄生虫
敌百虫		外用：0.5%水溶液喷洒	作用同马拉硫磷
蝇毒磷		0.05%砂浴或水溶液喷洒	作用同其他有机磷制剂
溴氰菊酯		外用：0.5%水溶液喷洒	为除虫菊酯制剂，吸收快，排泄快，一般无残留，使用安全，对杀死羽虱、螨、蚊、蝇等有效

图书在版编目（CIP）数据

鸽高效科学养殖及疾病防控技术／崔尚金，贾亚雄，梁琳主编 . —北京：中国农业出版社，2020.12
ISBN 978 - 7 - 109 - 27568 - 3

Ⅰ.①鸽…　Ⅱ.①崔…②贾…③梁…　Ⅲ.①鸽—饲养管理②鸽—动物疾病—防治　Ⅳ.①S836②S858.39

中国版本图书馆 CIP 数据核字（2020）第 220759 号

鸽高效科学养殖及疾病防控技术
GE GAOXIAO KEXUE YANGZHI JI JIBING FANGKONG JISHU

中国农业出版社出版
地址：北京市朝阳区麦子店街 18 号楼
邮编：100125
责任编辑：神翠翠
版式设计：杜　然　责任校对：沙凯霖
印刷：中农印务有限公司
版次：2020 年 12 月第 1 版
印次：2020 年 12 月北京第 1 次印刷
发行：新华书店北京发行所
开本：880mm×1230mm　1/32
印张：5.75　插页：2
字数：180 千字
定价：30.00 元

彩图1　石岐鸽

彩图2　塔里木鸽

彩图3　白王鸽

彩图4　法国红卡奴鸽

彩图5　欧洲肉鸽

彩图6　患新城疫的鸽出现
　　　　神经症状

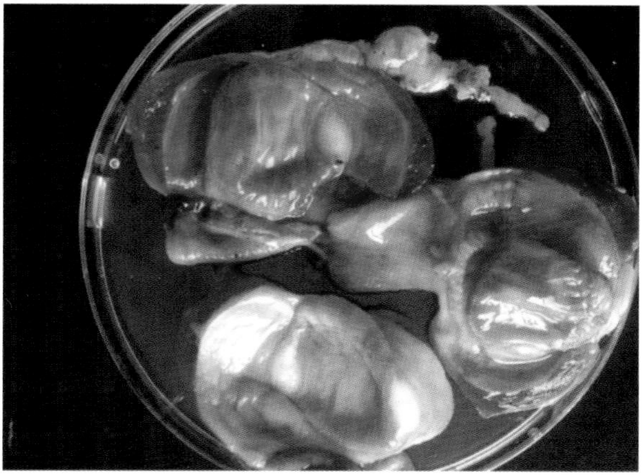

彩图7 鸽肌胃角质膜下
出血

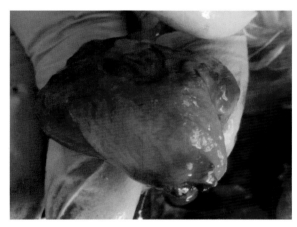

彩图8 鸽腺胃黏膜出血

彩图9 鸽肝脏有针尖样出
血点

彩图10　鸽副伤寒引起的
　　　　肝脏肿大、坏死

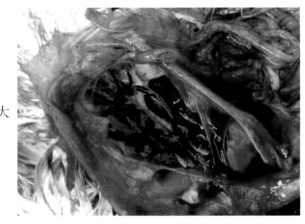

彩图11　鸽肾脏肿大

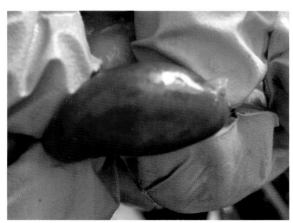

彩图12　脾脏肿大、黏膜出血